U0353272

蓝色海洋

海洋风暴潮

阮宣民　编著

吉林出版集团股份有限公司

图书在版编目（CIP）数据

海洋风暴潮 / 阮宣民编著. —— 长春：吉林出版集
团股份有限公司，2013.9
（蓝色海洋）
ISBN 978-7-5534-3330-1

Ⅰ．①海… Ⅱ．①阮… Ⅲ．①风暴潮－青年读物②风
暴潮－少年读物 Ⅳ．①P731.23-49

中国版本图书馆CIP数据核字(2013)第227222号

海洋风暴潮
HAIYANG FENGBAOCHAO

编　著	阮宣民	
策　划	刘野	
责任编辑	祖航　李娇	
封面设计	艺石	
开　本	710mm×1000mm	1/16
字　数	75千	
印　张	9.5	
定　价	32.00元	
版　次	2014年3月第1版	
印　次	2018年5月第4次印刷	
印　刷	黄冈市新华印刷股份有限公司	

出　版	吉林出版集团股份有限公司
发　行	吉林出版集团股份有限公司
地　址	长春市人民大街4646号
	邮编：130021
电　话	总编办：0431-88029858
	发行科：0431-88029836
邮　箱	SXWH00110@163.com
书　号	ISBN 978-7-5534-3330-1

前　言▌

　　远观地球，海洋像一团团浓重的深蓝均匀地镶涂在地球上，成为地球上最显眼的色彩，也是地球上最美的风景。近观大海，它携一层层白浪花从远方涌来，又延伸至我们望不见的地方。海洋承载了人类太多的幻想，这些幻想也不断地激发着人类对海洋的认知和探索。

　　无数的人向着海洋奔来，不忍只带着美好的记忆离去。从海洋吹来的柔软清风，浪花拍打礁石的声响，盘旋飞翔的海鸟，使人们的脚步停驻在这片开阔的地方。他们在海边定居，尽情享受大自然的馈赠。如今，在延绵的海岸线上，矗立着数不清的大小城市。这些城市如镶嵌在海岸的明珠，装点着蓝色海洋的周边。生活在海边的人们，更在世世代代的繁衍中，产生了对海洋的敬畏和崇拜。从古至今的墨客们在海边也留下了他们被激发的灵感，在他们的笔下，有美人鱼的美丽传说，有饱含智慧的渔夫形象，有"洪波涌起"的磅礴气魄……这些信仰、神话、诗词、童话成为人类精神文明的重要载体之一。

　　为了能在海洋里走得更深、更远，人们不断地更新航海、潜水技术，从近海到远海，从赤道到南北两极，从海洋表面到深不可测的海底，都布满了科学家和海洋爱好者的足印。在海底之旅的探寻中，人们还发现了另一个多姿的神秘世界。那里和陆地一样，有一望无际的平原，有高耸挺拔的海山，有绵延万里的海岭，有深邃壮观的海沟。正如陆地上生活着人类一样，那里也生活着数百万种美丽的海洋生物，有可以与一辆火车头的力量相匹敌的蓝色巨鲸，有聪明灵活的海狮，有古老顽强的海龟，还有四季盛开的海菊花……它们在海里游弋，有的放出炫目的光彩，有的发出奇怪的声音。为了生存，它们运用自己的本能与智慧在海洋中上演着一幕幕生活剧。

除了对海洋的探索，人类还致力于对海洋的利用与开发。人们利用海洋创造出更多的活动空间，将太平洋西岸的物质顺利地运输到太平洋东岸。随着人类科技的发展，海洋深处各种能源与矿物也被利用起来以加快经济和社会的发展。这些物质的开发与利用也使得海洋深入到我们的日常生活中，不论是装饰品、药物、天然气，还是其他生活用品，我们总能在周围找到有关海洋的点滴。

然而，海洋在和人类的关系中，也并不完全是被动的，它也有着自己的脾气和性格。不管人们对海洋的感情如何，海洋地震、海洋火山、海啸、风暴潮等这些对人类造成极大破坏力的海洋运动仍然会时不时地发生。因此，人们在不断的经验积累和智慧运用中，正逐步走向与海洋更为和谐的关系中，而海洋中更多神秘而未知的部分，也正等待着人类去探索。

如果你是一个资深的海洋爱好者，那么这套书一定能让你对海洋有更多更深的了解。如果你还不了解海洋，那么，从拿起这套书开始，你将会慢慢爱上这个神秘而辽阔的未知世界。如果你是一个在此之前从未接触过海洋的读者，这套书一定会让你从现在开始逐步成长为一名海洋通。

引 言▎

　　自从人类开始通过文字、图画、音乐等形式表达思想，海便唤起了人们对海洋世界的美好畅想，然而自然灾害也如影随形，海啸、海冰、洪水、风暴潮等突发性自然灾害呈群发趋势肆虐，严重威胁着人类赖以生存的环境和资源。这些灾害曾经给知识贫乏、防御能力低弱的先民们带来诸多艰难和困苦，甚至使他们遭受灭顶之灾，而在人类社会物质文明和精神文明高度发达的今天，人们对海洋灾害的预警能力也在逐步提高。

　　本书所要讲述的风暴潮是一种由于剧烈的大气扰动，加上强风和气压骤变引起的海水异常升降，导致部分海区的潮位超过平常潮位的一种海洋现象，也称作"风暴增水""风暴海啸""气象海啸"或"风潮"。

　　巨浪滔天，海水漫过海岸进入街巷；狂风大作，固定不牢的建筑物倾倒飞舞；满天飞雪，市民出行纷纷受阻……这些景象曾经是读者朋友们在影视作品中经常看到的，却是现实生活中在沿海城市的居民面临风暴潮灾的真实写照，风暴潮的来临给沿海一带的居民生命和财产带来了重大的损失。

　　人类要从科学意义上认识这些灾害的发生、发展并尽可能减小它们所造成的危害，已是国际社会未来的共同主题。风暴潮灾害占据了海洋灾害的首位。目前掌握的资料显示，全球有8个热带气旋多发区，其中突出的有西北和东北太平洋、北太平洋、孟加拉湾、南太平洋和西南印度洋等，这些地区毗邻的美国、日本、荷兰等国家在过去几十年中也曾多次遭受到风暴潮灾害的侵袭。我国也是世界上风暴潮灾害频发国家之一，风暴潮灾害一年四季都可能发生，从南到北的所有海洋沿岸无一幸免。

随着我国风暴潮预警机制的完善，在近四十多年的时间里，尽管沿海人口急剧增加，但死于潮灾的人数已明显减少。但随着濒海城乡工农业的发展和沿海基础设施的增加，承灾体日趋庞大，每次风暴潮的直接和间接损失正在加重。据统计，中国风暴潮的年均经济损失已由20世纪50年代的1亿元左右，增至20世纪80年代后期的平均每年约20亿元，20世纪90年代前期的每年平均76亿元，1992和1994年分别达到93.2亿元和157.9亿元，风暴潮正成为沿海对外开放和社会经济发展的一大制约因素。

也许您身处内陆城市，对风暴潮的认识和感受不及沿海居民深切，可能您对灾难的认识还单纯地停留在人为事件层面，不过，通过仔细观察可以发现，即使是自然灾害，也无一例外地夹杂不同程度的人为成分，自然灾害和环境破坏之间存在着复杂的相互联系。

风暴潮被人们喻为"来自海洋的杀人魔王"。下面我们即将带您走近这一杀人魔王，让您深入了解它作为一种海洋灾害给人类的生命带来的种种危害。在此，我们希望通过本书对风暴潮的描述，将风暴潮发生的真实事件与利害关系一一介绍给读者，为您解读全球风暴潮灾害的概况及与这一灾害相关的各种海洋现象，包括如何配合相关机构对灾害进行防御，遭遇灾害后如何挽救损失等，力求以言简意赅的叙述说明科学内涵，以哲理思考去启迪读者的反思，提高人们的危机防范处理意识，使我们更好地关爱自己，保护地球家园，让人类更安全、快乐地生活于此。

🌊 认识风暴潮

🌊 风暴潮的影响因素

🌊 风暴潮多发地——中国

肆虐全球的风暴潮

风暴潮的预警和防御

抵御风暴潮的杰作

认识风暴潮

　　2005年8月的一天，"卡特里娜"飓风以强劲的威力袭击了美国的新奥尔良地区。突袭的飓风使市区80%的面积被洪水淹没，大约1100人在这次灾害中死亡，数十万居民被疏散，直接经济损失高达800亿美元，这次飓风也因此成为美国历史上最严重的自然灾难之一。面对如此可怕的灾难，我们不禁感叹飓风破坏力之强。事实上，这一沉重灾难背后的元凶却是飓风引发的超级风暴潮。那么风暴潮到底是什么？下面让我们一同来揭开它的神秘面纱。

什么是风暴潮

▲台风风暴潮

风暴潮在欧洲称"风暴潮",在北美洲用"风潮"表示,前苏联称之"增减水",日本谓之"气象潮",还称为"风暴海啸"或"气象海啸"。不管它的名字怎么变化,作为全世界人民的灾难,风暴潮曾经吞噬过无数人的生命。海啸、台风、洪水这几种自然灾害都与水有关,而风暴潮则是这些灾害最直接的表现形式。如果我们将大海比作一盆水,海啸就如同是在这盆水中丢入一颗石子后所激发的波浪,那么风暴潮则是用一股强风搅动水面导致一侧水面水位异常升高的现象。

要知道什么是风暴潮,首先来了解一下天文潮。众所周知，地球的表面是存在引力的，这种引力将海水向地心吸引，海水在受引力吸引的同时也受来自月球和太阳引力的吸引。海水在受到月球和太阳引力的作用下，产生了规律性的上升与下降运动，这种升降现象就是海洋潮汐。同样是潮汐，那么天文潮与风暴潮有必然的联系吗？众所周知，天文潮汐会在间隔12小时左右的一天内出现两次高潮和两次低潮，高潮和低潮的潮位及其出现时间具有规律性，可以根据月球、太阳和地球在天体中相互运行的规律进行推算和预报。

与天文潮相区别的是气象潮。气象潮是由水文气象因素（如风、气压、降水和蒸发等）所引起的天然水域中水位升降的一种现象。除因短期气象要素突变，如风暴，所产生的水位暴涨暴落外，一般而言，气象潮比天文潮要小一些，而我们所说的"潮位"是由天文潮和气象潮两部分所组成的。

可以说风暴潮是气象潮中的一员，它是由气压、大风等气象因素急剧变化所造成的沿海海面或河口水位的异常升降现象，其中水位升高称为增水，水位降低则称为减水。这种水位的异常现象会对附近海区产生影响。当潮位大大地超过平常潮位时，风暴潮灾害就发生了。讲到这里我们大致可以明白，风暴潮是因大气的扰动而使得海区的潮位大大地超过平常潮位的现象。

潮位升高似乎也很常见，而风暴潮则是形成最高潮位的根源，作为一种长波水体运动，它的周期为1～50米，介于地震海啸与天文潮周期之间，不少地区增水值达2～3米，个别地区可达4～6米。较高的水位再与天文大潮叠加，风暴潮灾害自然不可避免地发生了。风暴潮影响较大，波及范围较广。这种灾害一旦发生通常会波及方圆几十千米甚至上千千米，持续的时间也会很长，在1～100小时之间。通过对风暴潮影响范围的分析，它会随着大气扰动因子的变化而发生变化，而一次风暴潮的过程有可能影响一两千千米的海岸区域，对灾害地区产生的影响也有数天之久。从危害程度来说，风暴潮会比地震、海啸要弱一些，但是也并不是毫无影响，它比低频天文潮要强，基本处于两者之间。接下来以我国一次风暴潮灾为例，进行危害分析：发生在1992年8月28日的风暴潮，主要受到第16号强热带风暴和天文大潮两方面因素的影响，风暴潮发生后，灾害波及多个沿海省市，其中包括福建、浙江、上海、江苏、山东、天津、河北和辽宁等，死亡人数193人，这是新中国成立以来，东部沿海地区发生的影响范围最广、损失非常严重的一次风暴潮灾害，直接经济损失高达90多亿元。可见风暴潮所带来的灾害是不可小视的，这些数字更是令人触目惊心。

需要强调的是，风暴潮灾害不单纯指由风暴潮和天文潮叠加引起的沿岸涨水造成的灾害，也包括由天文潮、风浪、涌浪相互叠加结合引起的海区沿岸涨水造成的灾害。由此可见，造成风暴潮灾害的诱因并非一种。当然，不管是哪类的风暴潮灾害都会引起沿海水位暴涨，出现海水倒灌，狂涛恶浪，最终泛滥成灾。

既然风暴潮并非一类，那么我们可以根据引起风暴潮的不同天气系统，将风暴潮分为两类：台风风暴潮和温带风暴潮。一般情况下，台风风暴潮是根据诱发它的天气系统来命名，例如由1969年登陆北美的卡米尔飓风所引起的风暴潮，也就是著名的卡米尔风暴潮。由1980年第7号强台风（国际上称为Joe台风）引发的猛烈的风暴潮，专业人士称其为8007台风风暴潮或Joe风暴潮。而温带风暴潮大多是以发生的日期命名，例如2003年10月11日发生的温带风暴潮被称为"03.10.11"温带风暴潮，又例如2007年3月3日发生的温带风暴潮称为"07.03.03"温带风暴潮。

风暴潮的记载可谓历史悠久，我国最早的潮灾记录可追溯到公元前48年。根据《中国历代灾害性海潮史料》，我们可以获知，从公元前48年到1946年这一漫长岁月中共发生576次潮灾，在这576次潮灾中，随着年代的不断延伸，潮灾的记载也越来越详细，潮灾的死亡人数记载由"风潮大作溺死人畜无算"到给出具体死亡人数，也在发生着更加详尽的演变。从这些详细的死亡人数记载中，不难看出每次死于潮灾的少则数百或数千人，多则万人乃至十万之多，这只是死亡人数，更不要说受灾人数是多么庞大

▼大浪

的数字了。进入20世纪以后，死亡人数达万人以上的风暴潮灾害事件共有5次，最严重的一次是发生在1922年8月2日广东汕头的特大风暴潮。引发这次风暴潮的是风灾，因而造成的危害可想而知。其中澄海、饶平、潮阳、南澳、揭阳、惠来、汕头等县市都被海水淹及，150多千米的海堤被冲毁，海水侵入内陆地区有15千米之远，沿海的设施都遭到了破坏。最终根据相关部门统计结果显示，此次风暴潮中死亡人数达到8万之多，而造成的经济损失更是不可估量的。根据新中国成立后风暴潮灾害的统计，几乎每年都有潮灾发生，重灾平均每两年一次。严重的风暴潮灾往往会发生在多个地区，甚至造成多个省市区同时受灾。因此，防灾减灾是人们长期且不容忽视的工作。

风暴潮预防工作能否做到位，直接关系到我国沿海以及周边城市是否能够得到更好的发展。我国目前在沿海地区已建立了由280多个海洋站、验潮站组成的监测网络，配合先进的多媒体技术进行灾害信息的传输。风暴潮预报业务系统能够比较好地发布特大风暴潮预报和警报。同时沿海省市相关部门也配合制订了一些防范风暴潮的措施，这些强有力的措施有效地避免了风暴潮对我国沿海地区造成的危害。当然，随着沿海经济的不断发展，抗御潮灾已成为未来发展的一项重要战略任务。

台风风暴潮的形成

▲巨浪

　　台风，是个让人听了毛骨悚然的字眼。每次台风来临或者飓风肆虐，风暴潮便会如期光顾，洪水泛滥。既然风暴潮与如此多的灾害现象都有着千丝万缕的联系，那么它的家族成员是否也相当庞大？风暴潮的形成根源和特点以及它的名字由来，都有哪些渊源？这一节我们将一同对风暴潮的成因进行详细剖析。

　　台风风暴潮究竟是怎样的一种现象呢？接下来让我们来揭开它的神秘面纱。台风风暴潮也就是热带气旋风暴潮，而我们经常说的飓风与台风其实是同一种自然现象，只是由于台风与飓风登陆地点的不同，叫法也就不同，但二者诱因相同，所以说飓风登陆后也会引起风暴潮。总之，热带气旋与风暴潮有密切的关系。

热带气旋是发生在热带或副热带洋面上的低压涡旋，是一种强大的热带天气系统，其气流受地转偏向力的影响而围绕着中心旋转，在北半球热带气旋中的气流绕中心呈逆时针方向旋转，在南半球则恰好相反。该系统一旦形成，它就像在江河中前进的涡旋一样，一边绕自己的中心急速旋转，一边随着周围大气向前移动。狂风、暴雨和巨浪的恶劣天气现象也会伴随出现在气旋中心的环形范围内。当然，热带气旋的形成和发展需要巨大的能量，如若没有能量的支持，也将不会形成这种操纵灾难的恶劣气象因子，因此热带气旋形成于高温、高湿和其他气象条件适宜的热带洋面。热带气旋的生命周期，一般要经过生成、成熟和消亡这三个阶段，而热带气旋从生成到消亡长则能够持续一个月，短时也有2～3天，但是一般情况下要一周左右。

热带气旋风暴潮的生成和发展需要海温、大气环流和大气层三方面的因素结合。其中海水的表面温度不低于26.5℃，且水深不小于50米。这个温度的海水会造成上层大气不稳定，因而能维持对流和雷暴，而夏秋两季

▼海洋风暴

的温度是其形成的首要条件。

　　热带气旋的能量来自于水蒸气冷却后凝固时放出的潜在热量，而热带气旋的生命周期也是其能量供应的周期。当热带气旋登陆后，或者当热带气旋移到温度较低的洋面上时，便会因为失去温暖而潮湿的空气供应能量，而减弱消散或转化为温带气旋。通常热带气旋在热带地区离赤道平均3～5个纬度，比如南北太平洋、北大西洋、印度洋的海面上形成的热带气旋，当其登陆或北移到较高纬度的海域时，因失去了赖以生存的高温高湿条件，会很快消亡，或者变为温带气旋，或在登陆后消散。不过温带气旋并非一无是处，它可为长时间干旱的沿海地区带来丰沛的雨水，滋润大地万物。但热带气旋一旦登陆就会带来严重的财产和人员伤亡，它并没有温带气旋那么友好。热带气旋本质上是大气循环的一个组成部分，能够将低纬度的热能及地球自转的角动量由赤道地区带往较高纬度的地区。

　　全球的热带海洋上都有热带气旋生成，但热带气旋的活动路线有自身特定的规律。大量的热带气旋生成于赤道辐合带，这里可谓是热带气旋的常见发源地，赤道辐合带的北侧是强大的副热带高压。热带气旋的移动主要受副热带高压南侧的偏东气流引导，向偏西方向移动，这类热带气旋常会在我国东南沿海至越南沿海登陆，这也是导致我国受到热带气旋影响的主要诱因。当然，副热带高压也会有所偏移，当副热带高压位置偏东，热带气旋移动到副热带高压西缘时，受那里的偏南或西南气流引导，热带气旋会转向偏北或东北方向移动，登陆我国山东沿海或朝鲜、日本，甚至在日本以东洋面北上。

　　那么热带气旋生成最多的地带是哪里呢？就全球范围来看，西北太平洋地区是热带气旋发生次数最多、强度最大的海域。热带气旋在西北太平洋生成后，路线也并非是单一的，一般有下列行动路线：第一种最常见的路线是向西北方向移动，登陆我国台湾或东南沿海地区，因此，对我国会产生比较大的影响。第二种路线是向西移动，穿越菲律宾进入中国南海海区，在我国海南、北部湾或者越南一带登陆。第三种是由于受引导气流、西风带、副热带高压、锋面或者附近其他热带气旋的影响，出现各种异常路径。最后一种不登陆中国大陆，而是呈抛物线形的轨迹穿越中国东海，向朝鲜半岛、日本的方向移去，最终变为温带气旋。

热带气旋是一个大家族，因此成员并非一个。不管是热带风暴、强热带风暴还是经常提起的台风、飓风，这些现象都是由热带气旋所导致或生成的。由于每个热带气旋生成后强度各有不同，各国都对其进行了强度等级的划分，不同的等级对应不同的名称。因此，熟悉等级划分的人，通过对名称的认定就能够分辨出等级高低。

在我国，气象组织给热带气旋规定了6个强度等级，分别称为：热带低压、热带风暴、强热带风暴、台风、强台风、超强台风。通过名称我们也能够对其影响程度有一个直观的认知：热带低压，底层中心附近最大平均风速10.8～17.1米/秒，风力6～7级，危害性最低；热带风暴最大平均风速17.2～24.4米/秒，风力8～9级；强热带风暴最大平均风速24.5～32.6米/秒，风力10～11级；台风最大平均风速32.7～41.4米/秒，风力12～13级；强台风最大平均风速41.5～50.9米/秒，风力14～15级；超强台风最大平均风速则超过了51.0米/秒，风力16级或以上。海洋中最具破坏力的就是风力12级以上的各等级台风，它通常在西北太平洋的低纬度地区生成，台风在海洋引发的灾害就是台风风暴潮。全球平均每年出现的台风大约80个，并不是每个台风都会登陆，其中的1/3会形成台风风暴潮。

　　了解台风的形成和移动规律对了解风暴潮具有非常重要的意义。台风中心经过的路径，虽然有些变动，但是基本上是抛物线形和直线形的，它很有规律地在地球上移动着。在夏秋之际，太平洋往往高气压比较活跃，常有一个独立的高气压，一般人们会称它为副热带高气压，这个高气压四周的风向对台风的移动路径影响很大。而促使台风移动的力量有两种：一种是内力，另一种是外力。顾名思义，内力往往是台风本身所产生的力。因为台风本身是一团以逆时针方向旋转着的空气，在旋转时，空气移动方向必然会受到地球自转的影响从而发生偏向。而外力是在台风周围的空气运动时，对台风产生的推力。台风的移动通常是内力和外力合作的结果，缺少任何一种力量，台风也是寸步难行的。台风在移动的过程中边转边走，而且它的面积越转越大，在热带海洋上形成的时候，面积一般只有100千米直径，然后渐渐发展，当移到北纬30度附近时，面积可比原来增大10倍多。尤其在北半球，台风按逆时针旋转，台风眼外是台风云系涡旋区，这里有强烈的狂风暴雨发作，风速普遍有40～60米/秒，最大可达到100米/秒，我们可以想象得到它的巨大威力。它可以在洋面上掀起高达10～15米的巨浪，过往的航船无一例外地倾覆、淹没在汪洋大海之中。由于台风中心气压极低，对海水有吸吮作用，因此海面会升高。当台风临近大陆沿海，升高的海水便会越过堤坝涌入内陆或导致堤坝决口，最终淹没城市、村庄和农田，这将酿成极其严重的台风风暴潮灾害。

台风强弱与台风风暴潮也有密切关系，以一个风暴潮发生过程为例，台风进入到海区范围以后，当台风靠近海岸，风力会使海水向岸堆积，这时便产生了风暴潮。而风暴潮的大小主要取决定于台风强度即台风中心附近最大风速和中心气压，台风中心附近风速越大，中心气压越低，风暴潮就越大，灾害也就越严重。

有时，台风并没有从海岸登陆，而是选择在陆地登陆。这种情况同样会产生灾害，这种灾害叫热带风暴。我们听说过台风"麦莎"，"麦莎"在浙江诸暨市减弱为强热带风暴，几天后强热带风暴又减弱为热带风暴，中心风力为23米/秒，相当于9级，而在后来的几天里又以每小时15～20千米的速度继续向西北方向移动，强度也进一步减弱。从中我们可以看到，

▼台风来临之前

台风随着风力等级的减弱，最终演变为热带风暴的过程。要说明的一点是，即使台风风力等级减弱，在其演变的过程中也会造成暴雨、山洪等严重的灾害。

台风带来的狂风暴雨以及巨浪、风暴潮等灾害，具有很强的破坏力，严重威胁着人民群众的生命和财产安全，因此，在台风来临前，要做好防御工作。我国政府也在不断加强台风防御知识的宣传，增强人们对台风的认识。同时，气象台根据台风可能产生的影响，在预报时采用"消息""警报"和"紧急警报"三种形式向社会发布，这无疑也是一种提醒人们加强防范的办法。同时，气象台按台风可能造成的影响程度，从轻到重向社会发布蓝、黄、橙、红四色台风预警信号，公众应根据预报及时采取预防措施。

台
风
风
暴
潮
的
特
点

▲海堤

　　台风来了，风暴潮还会远吗？台风风暴潮发生时，通常来势迅猛、速度快、强度大、破坏力强，这无疑成为它来袭的标志性特征。从地域上看，台风风暴潮发生的地区十分广泛，我们可以简单地理解为，凡是有台风影响的海洋国家、沿海地区都有台风风暴潮发生。

　　台风风暴潮在地域上有集中的特点，台风发源于西北太平洋广阔的低纬度洋面上。西北太平洋热带扰动的加强发展的地带是台风形成的初始位置。热带扰动发展成台风在经度和纬度方面都存在着相对集中的地带。从全球范围来看，它通常形成于南北纬度6°～20°之间。因此，世界上有些地方经常发生这种灾害，比如印度洋的毛里求斯岛、太平洋的赫布里底斯群岛和萨摩亚群岛区域、日本海、菲律宾附近的东亚海上、中国南海和东海、加勒比海和墨西哥湾等，其中我们熟知的孟加拉湾和阿拉伯海是热带风暴发生最多的地区。

在太平洋西部，风暴潮大多发生在菲律宾以东的海面，根据它行进的路线不同，一般分为三路：一路向西，经南海在我国两广地区和越南一带登陆。一路向西北，穿越我国台湾岛，在福建和江苏沿海登陆。还有一路向北，又转向东北，移向日本附近。

我国台风风暴潮多发生在东南沿海，灾害较严重的岸段主要集中在以下几个地区，由南至北分别是江苏省小洋河口至浙江省中部，包括长江口和杭州湾、福建宁德至闽江口沿岸、广东汕头至珠江口、雷州半岛东岸、海南岛东北部沿海，还包括天津、上海、宁波、温州、台州、福州、汕头、广州、湛江以及海口等沿海大城市，特别是几大国家开发区：滨海新区、长三角、海峡西区、珠三角等海岸沿线都曾遭到风暴潮的袭击。

为什么台风风暴潮会集中在这些海域呢？台风这个庞然大物，它的产生要具备几个条件。首先，要有足够广阔的高温高湿大气。因为台风只能形成于海温高于26℃的暖洋面上，而海面水温又决定了热带洋面上的底层大气的温度和湿度，一般60米深度内的海水水温都要高于26℃，正好满足台风形成的海温条件。其次，要有高层大气向外扩散、低层大气向中心辐合的初始扰动。而且高层辐散必须超过低层辐合，才能维持足够的上升气流，才能保证低层扰动不断加强。再次，上下层空气相对运动很小，垂直方向风速不能相差太大，这样才能使初始扰动中水汽凝结所释放的潜热能集中保存在台风眼区的空气柱中，形成并加强台风暖中心结构。最后，需要地球足够大的地转偏向力作用，地球的自转产生的偏向力有利于气旋性涡旋的生成。地转偏向力在赤道附近接近于零，向南北两极增大，这也是为什么台风基本发生在离赤道5个纬度以上洋面上的原因之一。

由于我国地理情况复杂，在我国发生的台风风暴潮也有独特之处。我国沿海城市众多，在台风风暴潮的多发季节，几乎整个中国沿岸都受寒潮大风、冷空气及气旋活动的影响，其频繁发生的地区集中在华南沿海和东南沿海地区，春秋季的冷空气与气旋配合的大风及气旋活动也常影响北部海区，尤其是渤海湾和莱州湾常因此产生强大的风暴潮。

台风风暴潮导致的潮位变化有怎样的规律呢？我们通过观测和对数值的计算可以寻找风暴潮的规律。专家们借助增水曲线观察水位增加的幅度可知，在远离台风中心的验潮站开始记录到来自台风扰动区域的长周期波增水，增水一般只有20～50厘米高，但随着台风强度越强、尺度越大、移速越慢，则岸边出现的增水越高，这个阶段持续时间的长短，同样也取决于台风强度、尺度和台风移动速度。当随着台风移动的强制孤立波抵达大陆架时，由于水深骤减，将导致风暴潮波增幅，加上海底地形和海岸形状的影响，岸边海潮潮位将急剧上升，并在台风登陆前后几小时内达到最大值。一般来说，台风登陆的海岸开阔尺度大、移动速度慢时，岸边的风暴最大增水发生在登陆前，反之移速快时最大风暴潮发生在登陆时或发生在

▼验潮站

登陆后。对于登陆后又出海的台风，最大风暴潮几乎全部发生在台风出海时或出海后。通常风暴潮的主振时间不足6小时，但也有较长的会超过两天的。通常移动速度越慢、尺度越大的台风主振持续时间越长。主振阶段过后，潮位逐渐恢复正常状态，这个阶段包含了由于地形或者其他效应产生的各类震荡。

台风风暴潮极值的发生时间与地点也有其规律，台风路径近乎垂直海岸时，最大风暴潮发生在登陆点右方，约等于最大风速半径的距离。有时其发生位置会随台风的矢量运动以及登陆点附近的海底地形与岸形的变化而发生变化，但这种变化一般并不大。因此可以把最大风速半径作为确定最大风暴潮发生位置的量度，这也是一种很不错的度量风暴潮强度的办法。此外，当平行海岸移动的台风在离岸较远的位置（100千米左右）缓慢移动前进时，沿岸地区便能产生较高的风暴潮。而台风在靠近岸边移动时，移速快的台风能引起较高的风暴潮。由此可见，台风的地点不同，引起风暴潮的威力也会有所不同。

台风风暴潮传到大陆架或港湾中时会出现一种特有的现象，是一种有振幅的波动，可分为三个阶段，通过这种波动我们也可以了解到风暴潮形成的过程。

第一阶段在台风或飓风还没有靠近大陆的时候，也就是在风暴潮尚未到来之前，在这一阶段我们在验潮曲线中往往能觉察到潮位受到了相当的影响，有时可出现20厘米或30厘米波幅的缓慢波动。这种在风暴潮来临前的波动，叫做"先兆波"。先兆波可以表现为海面的小幅度上升，也可能表现为海面的缓慢下降。但是必须要提出的是，先兆波并不是必然会存在和呈现的现象，但是在一定的程度上也可以提前预知风暴潮的到来。

　　第二阶段是在风暴已逼近或过境时，风暴经过的地区水位将迅速升高，潮高能够达到几米高，我们称这一阶段为主振阶段，这一阶段是形成风暴潮灾的主要阶段，而水位的升高自然会引起巨大的能量。这一阶段不会持续太长时间，一般达数小时，多则一天。

　　第三阶段是在风暴过境以后，即主振阶段过去之后，往往还会存在一系列的振动——假潮或自由波。在港湾乃至大陆架上都会发现这种假潮。特别是当风暴平行于海岸移动的时候，在大陆架上往往显现出一种特殊类型的波动——边缘波。这一系列的事后振动，都称为"余振"，时间可长达两到三天。这个余振阶段有一定的危险性，如若它的高峰恰巧与天文潮高潮相遇，那么实际水位很可能会升至很高，很有可能完全超出该地的警戒水位，这时就可能形成新的风暴潮灾，当然，这种出乎意料的情况需要监测部门时时观察，特别加以注意。

　　中国历史上，由于台风风暴潮灾造成的生命财产损失触目惊心。而潮灾发生的关键正是台风风暴潮所具备的来势凶猛、风速极快、能量巨大的特点所导致的。所以说要想尽量减少损失，就要时刻加强对台风风暴潮的预测与防范的措施。

▼毛里求斯风光

▲台风肆虐

台风名称

我们经常听到多少号台风登陆我国某个城市，而在国外多半出现类似灾害时却介绍是什么飓风出现，台风和飓风是两种灾害现象吗？

其实它们是同一种灾害现象，只是因为发生在不同的地域，才会冠以不同的名称。当然在天气预警的时候，也经常会听到一些台风的具体名称。在西北太平洋和南海一带，包括中国和东亚地区的都称"台风"。而在大西洋、加勒比海、墨西哥湾以及东太平洋等地区的称"飓风"。在印度洋和孟加拉湾的称"热带风暴"，在澳大利亚的则称"热带气旋"，墨西哥则称之为"鞭打"，不管何种称呼，本质都相同，都是一种风暴，这是不容置疑的。

无论人们称它为台风或者飓风，这一灾害都给沿海人民造成过巨大的损失，甚至造成了心理阴影。对于沿海人民来讲，这种自然灾害往往来势汹汹。而且台风和飓风的成因相同，都是在热带低压基础上发展形成的热带气旋。但不是所有的热带气旋都能转变成为台风或飓风，严格来说，只有当热带气旋中心附近的最大风力在12级或以上才有可能发生转变。

台风与风暴潮密切相关，它的名字可谓好听又好记，我们所熟知的有"珊瑚""杜鹃"等，我们经常在电视里看到多少号台风在某个国家的境内登录，而台风、飓风与风暴潮到底是根据什么来命名的呢？它们的名字有共同之处吗？

▼台风卷起巨浪

有人说，过去人们不了解台风发源于太平洋，认为这种巨大的风暴来自台湾，所以称为"台风"，也有人认为，台风侵袭我国广东省最多，台风是从广东话"大风"演变而来的。事实上，几乎世界上位于大洋西岸的所有国家和地区，无不受热带海洋气旋的影响，只不过不同地区的人们对它的命名不同罢了。

我国从1959年开始对近中心最大风力大于或等于8级的热带气旋按照入侵大陆的先后顺序进行编号，而编号的区域只限定在太平洋和南海海域。台风的命名通常由编号和名字两部分组成，台风的编号也就是热带气旋的编号，在生活中人们经常听到那些美丽的名字正是台风命名的一部分。例如，1996年发生的第一次台风，就编为9601，第二次台风，编为9602，以此类推，这种编号方便在年末总计出台风发生的次数。这四位数码，前两位表示年份，后两位是当年风暴级以上热带气旋的序号，如第13号台风"杜鹃"，其编号为0313，表示的就是2003年发生的第13次风暴级以上热带气旋。而"杜鹃"则是编号为0313号台风的"姓名"。

用这种编号来记录台风年份与次数，是一种不错的手段，因此，这种编号方法目前已被许多国家和地区的气象台采用。有的国家考虑到国际上台风英文名称沿用已久的习惯，除了编号以外，还同时标明该次台风的英文名称，而出现的热带低压和热带扰动均不进行编号。

在国外，对台风的命名始于20世纪初，而第一次的命名竟然引起了轩然大波。首次给台风命名的是20世纪早期的一个澳大利亚预报员，他把热带气旋取名为他不喜欢的政治人物，这样，气象员就可以公开地戏称它。在西北太平洋地区，命名过程也并非一帆风顺，1945年正式以人名为台风命名，开始时只是选用女性的名字，而女权主义者认为这是对女性的一种侵犯，于是公开反对，从1979年开始，选择用男女姓名交替使用的方式来为台风命名。

人们之所以要对热带气旋进行编号当然有其原因所在，因为一个热带气旋常持续一周以上，而在这一周的时间中大洋上很有可能同时出现几个热带气旋，如果没有各自的名字，就很容易混淆，也不利于描述。并且不同国家由于对热带气旋的命名、定义、分类方法以及对中心位置的测定使用的方法不同，即使同一个国家，在不同的气象台之间也不完全一样。因此，常常引起各种不必要的误会以及使用上的混乱。为了改变这种混乱局面，为其命名自然是势在必行。第二次世界大战将结束时，美国首先确定了以英文字母（但不包括Q，U，X，Y，Z这几个字母）为字头的四组少女名称给大西洋飓风命名。每组均按字母顺序排列次序。如第一组：Anna（安娜），Blanche（布兰奇）等，直到Wenda（文达）；第二组：Alma（阿尔玛），Becky（贝基），Cella（西利亚）等，直到Wilna（维尔纳）；第三组、第四组也按A至W起名。当飞机侦察到台风时，会按照台风出现的先后顺序给其定名。当第一组名称用完，又从第二组A为首的第一个名称接上使用，这样依次排列着使用。第二年的第一个台风名字是接在上一年最后一个台风名字后面的，以此类推循环使用下去。因为一年中任何一个区域出现的台风不可能超过这四组名字的总数，即使是世界上台风发生最多的西北太平洋，一年最多也不超过50个。所以在同一年里，每个区域不会出现重复的名称。当然，在不同的年份里台风的名字会重复出现。因此，在台风名字的前面会标明年份以示区别。

直到1997年在香港举行的世界气象组织台风委员会第30次会议决定，从2000年1月1日起，西北太平洋及我国南海地区台风统一识别方式，编号维持现状，但台风名称开始使用新的命名方法。新的命名表的应用更加便于人们对台风的分辨，在新的命名表中共有140个名字，分别由世界气象组织所属的亚太地区的柬埔寨、中国、朝鲜、中国香港、日本、老挝、中国澳门、马来西亚、密克罗尼西亚、菲律宾、韩国、泰国、美国以及越南等14个成员国和地区提供。这些名字具有一定的代表性，每个国家或地区需要提供10个名字。这140个名字被分成10组，每组有14个名字。名字的排列顺序按照每个成员国英文名称的字母顺序依次排列，按顺序循环使用，同时热带气旋的编号给予保留，毫无更改。新的140个台风名字原文来自不同国家及地区，大多使用的是动物、植物、星象、地名、人名、神话人物、珠宝等名词。还有一些特殊的名字，它们采用的是某些形容词或美丽的传说，如玉兔、悟空等，这就给命名表增添了色彩。中国提出的10个命名为：龙王（后被"海葵"替代）、悟空、玉兔、海燕、风神、海神、杜鹃、电母、海马和海棠。其中，大家熟悉的台风"杜鹃"，就是我们熟悉的杜鹃花。在我国登陆的被称为"科罗旺"的台风，则是由柬埔寨提供的，"科罗旺"本是一种树的名字。"莫拉克"是泰国提供的，意为绿宝石。"伊布都"是菲律宾提供的名字，它的含义更有趣，意为烟囱或将雨水从屋顶排至水沟的水管。"蔷薇"是韩国提供的，显然是一种花名，美丽且容易记忆。"桑卡"是越南提供的，是一种鸟的名字。这些各

23

国提供的美丽名词大多具有美丽、和平之意，让人完全无法联想到自然灾害，但是每个命名背后必然会是一场灾难的发生。

在一般情况下，事先制定的命名表按顺序年复一年地循环重复使用，但遇到特殊情况，命名表也会做一些调整，如当某个台风造成了特别重大的灾害或人员伤亡而声名狼藉，成为公众熟知的台风后，为了防止它与其他的台风同名，便从现行命名表中将这个名字删除，换成新名字。可见，为了台风的命名，学者们很是费了一番心思，所以才有了今天这些朗朗上口的名称，让我们在描述它时可以不假思索、脱口而出。

▲飓风

温
带
风
暴
潮
的
形
成

▲海啸

　　要想了解温带风暴潮，就要从区分热带气旋与温带气旋开始，只有区分清楚两者，才能够更好地认识温带风暴潮的形成。在大气中存在着各种各样大大小小的涡旋，它们有的逆时针旋转，有的顺时针旋转，也就是气旋和反气旋，它们是大气中大型的水平涡旋运动。温带气旋是气旋按发生地区的不同划分出来的，温带气旋出现时经常带来破坏性的大风、暴雨、对流。

　　温带气旋也叫锋面气旋，是出现在中高纬度地区、中心气压低于四周、近似椭圆形的空气涡旋，是直接影响大范围天气变化的重要天气系统，尤其对中高纬度地区的天气变化有着重大影响。温带气旋多表现为风雨天气，有时伴有暴雨或强对流天气，有时近地面最大风力可达10级以上。温带气旋从生成到消亡分为四个时期，即初生期、发展期、成熟期及消亡期，这四个阶段，通常是指单个气旋的生命周期，从初生到开始消亡平均需要2天的时间，最长可达6天之久。当然不同的地区时间上也有所不同，东亚和我国的锋面气旋的发展过程，一般为3天左右，短的约1天，最长不超过5天时间。温带气旋是怎么形成的呢？我们知道气旋就是低气压，在北半球，它是气流从四周向中心呈逆时针方向流动的天气系统。原先海面上有一条静止锋，静止锋的北面是冷空气，南面是暖空气。冷空气自东向西运动，暖空气自西向东运动，当冷空气向南插入下部的时候，暖空气向北抬升，并出现1～2条闭合等压线，在此基础上，温带气旋就慢慢形成了。总而言之，温带气旋和热带气旋的形成原理是一样的，都是气流的上升导致的，春秋季节海陆风向交替出现，春季风从海洋吹向陆地与陆地上的风相遇，它们在海洋上相遇，海洋上没有地形阻挡，风力较大。秋季风由陆地吹向海洋，在温带地区陆地上的风已经到达海洋，同样也没有地形阻挡，风力也较大。这种现象多数会发生在春季和秋季，因为春秋之际，冷空气和暖空气交锋最频繁，所以这段时间也最容易形成温带气旋。

温带气旋系统生成之后，将会对原有的单一天气系统控制下的天气产生巨大的影响。温带气旋的覆盖面积很广，单单直径平均就有1000千米，小的温带气旋的直径也有几百千米，大的可达3000千米以上。在这么大区域内，气流从四面八方流入气旋中心，中心气流被迫上升而凝云致雨，所以温带气旋过境时，云量必然会增多，常出现阴雨天气。在这种天气系统中，无论冷锋还是暖锋，锋面上方的暖气团都是沿锋面抬升的，都将形成有云和降水的天气。冷锋与暖锋两种系统结合在一起，会形成锋面气旋，将会合成更强烈的上升气流，气流顺势上升，天气变化将更为剧烈，往往会产生云、雨甚至造成雷暴雨的恶劣天气，由此造成的风力可达10级以上。因此，在温带风暴潮多发季节，会对海洋航船造成一定影响，也必然会对近海养殖业造成不利的影响。做好防范措施，势在必行。

▲漩涡

温带风暴潮的特点

▲气旋

　　温带气旋引发的风暴潮也比较常见，温带风暴潮主要发生在中纬度沿海地区，如北海、波罗的海、美国东海岸、日本沿海、欧洲北海沿岸以及我国北方海区沿岸等。这种气旋形成的大风级数不算高，也不及台风强，但影响的范围却比台风还要大，一般的温带气旋平均1000千米，大的可达到3000千米以上，其带来的恶劣天气也不容小觑。1993年3月吹袭美国东岸的"世纪风暴"，给美国带来破坏性的龙卷风、暴风雪和暴雨等一系列的恶劣天气。而我们经常在电视里听到的"欧洲受风暴吹袭"，指的也是来自中高纬度具有破坏性的温带气旋。

温带风暴潮增水过程比较平缓，水位变化不剧烈，增水较小，其风暴增水比热带风暴增水小，迄今已知的最大风暴增水不超过4米。虽然温带风暴潮的增水值相对较小，但1米以上的增水时间很长，一旦与天文高潮叠加，便可酿成大灾害。

目前我国温带风暴潮的类型主要有三种：第一种是强孤立气旋，这种类型的风暴潮往往在春季、秋季和初夏期间发生。夏季一直持续到九月，这段时间正是渤海天文潮最高的季节，一旦遇到这种强孤立气旋引发的风暴潮和天文高潮叠加时，则出现超警戒的灾害性高潮位。

第二种是冷锋类，多发生于冬季、初春和深秋。当西伯利亚或蒙古等地的冷高压东移南下，而我国南方又无明显的低压活动与之配合时，地面图上只有一条横向冷锋掠过渤海，造成渤海偏东大风，致使渤海湾沿岸和黄河三角洲发生风暴潮。此类风暴潮增水幅度一般在1～2米之间，比前一

▼黄河三角洲

类型的增水幅度低。有时当横向冷锋继续南移掠过海州湾时，也能造成该湾偏东大风，使海州湾沿岸产生此类风暴潮。

第三种是冷锋配合低压型，这类风暴潮多发生于春秋季。渤海湾、莱州湾沿岸发生的风暴潮，大多属于这一类。辽东湾到莱州湾刮的东北大风，黄海北部和渤海海峡也被偏东大风所控制。在这样的风场作用下，大量海水涌向莱州湾和渤海湾，增水3～4米，最容易导致强烈的风暴潮。

对于风暴潮具有危害性的特点，我们应该做好预测与防范的准备，在温带风暴潮来临之前，尽可能做好防范措施。在四十多年的时间里，尽管我国沿海人口还在急剧地增加，但死于潮灾的人数已明显减少，这正是我国风暴潮预警机制的成功体现。但随着濒海地区城乡工农业的发展和沿海基础设施的增加和完善，风暴潮的来临多多少少都会对沿岸工农业造成一定的损失。

风暴潮的影响因素

风暴潮是由于剧烈的大气扰动，如强风和气压骤变（通常指台风和温带气旋等灾害性天气系统）导致海水异常升降，使受其影响的海区的潮位大大地超过平常潮位的现象。同时风速、海深、天文大潮、地形、海平面上升等因素也会对风暴潮产生影响。

风速、海深与风暴潮

▲渤海风光

风暴潮灾害的轻重，受到很多因素的影响。一般来说，地理位置正好在海上大风的正面袭击处、海岸呈喇叭口形、海底地形较平缓、人口密度较大、经济发达的地区，所受的风暴潮灾害相对来说要更加严重。此外，风暴增水的大小还与当地天文大潮高潮位、海平面、波浪、降水等密切相关。

先来看一看风向、风速的影响，作用于水面的风应力是诱发浅水风暴潮的主要强迫力。这里容易产生风暴潮的"风种"主要是向岸风，向岸风往往会引起增水，而离岸风减水，则不会产生风暴潮。由此可见，风暴潮的幅度与风速有着紧密的联系，风向对风暴潮的影响更不可以小视。

风暴潮幅度可以运用公式计算，如果不是专业人士，可能很难了解。风暴潮的大小幅度与风应力是成正比的，也就是说风向对风暴潮的影响十分重要。其中海平面上的风应力又会受到空气密度、海面上的风速和经验这三个因素的影响，而且风暴潮的幅度与风速成正比，与海水深度成反比，这也说明了为什么浅海区风暴潮的发展比深水区发展得剧烈，这种现象也被称为浅海效应。以我国渤海湾为例，渤海湾呈喇叭形，又是浅海大陆架，当波周期保持不变时，波速和波长将随水深变浅而减小，会使波高迅速增加，另外海浪触及海底时还产生折射现象，当海浪进入深度变动的过渡海域时，在较深的海水中波浪传播很快，在浅海中波浪会变慢，从而使波峰增高。渤海是超浅海，因此潮位变化幅度增大，极利于风暴潮的形成和发展。

天文大潮与风暴潮

▲甬江

　　风暴潮原本是一种自然现象，它最终成为灾害性自然现象也是由一些特殊的天文地理现象造成的。在导致它成为灾害的因素中，天文大潮是个重要因素。

　　风暴潮的潮汐振幅大小决定了灾害的程度，追根溯源它的振幅是由月球和太阳的引潮力决定的，月球虽比太阳质量小，它的引潮力却比太阳高约2.17倍。天文大潮通常是指太阳和月亮引起大潮合力的最大时期，也就是朔时和望时发生的潮汐。通常在望月来临之时，月球和太阳分别占据地球的两侧。我们抬头望见的是月亮被照亮的半球，因此月相为圆圆的满月发生在农历每月的

十五、十六、十七三天中的任一天,但以十五、十六居多。朔月的时候,月亮绕行到太阳和地球之间,我们望见的是月亮的黑暗半球,因此看不见月亮的影子,这种现象发生在农历每月的初一。由于海洋的滞后效应,海潮的天文大潮一般在朔日和望日之后一天半左右才发生,即农历的初二、初三和十七、十八日左右发生。每当这时,月球移动到和太阳在一条直线上,两天体的引潮力就会作用于同一方向,海水的涨落必然增大。所以,天文潮又称"引力潮",也就是人们常说的"初一、十五涨大潮"的原因。

天文潮属于正常的天文潮汐现象,严格来说,天文潮在一般情况下不会引发灾害,但在某些特定环境下会构成水灾,而构成水灾的关键也往往和一个地区的具体情况有着一定的关系。以我国为例,由于我国沿海海岸线漫长,沿海各海区的潮差(相邻的高潮值与低潮值之差)差异很大,最大的可达7~8米,最小的也有1~2米,潮差的大小必然会成为天文潮能否成为灾害的重要因素。如果风暴潮恰好发生在天文大潮时,尤其是最大风暴增水叠加在天文大潮的高潮上时,再加上防范措施做得不到位,必然会酿成巨大灾难,对沿海地区的生命及财产安全造成巨大的损失。因此,在我国农历初一至初三,或十五至十八这几天天文大潮期间,都是关键时期,若在这几天碰上风暴潮袭击,天文大潮助长风暴潮,则毋庸置疑会造成比通常更高的风暴潮位,潮位每升高一些,都会对沿岸的经济造成一定的损失,并可能突破当地实测历史最高潮位。比较明显的例子就要数6903、8309、8908和9316号台风风暴潮,这四次风暴潮潮位都很高,造成的损失也都相当的严重。所以,大潮期间如果遇到台风,就更应该注意风暴潮的危害,做好防范工作势在必行。如果风暴潮遇上天文小潮,而非天文大潮，但是风暴增水较大同样也会酿成严重潮灾，例如8007号台风风暴潮，正逢天文潮小潮，出现了5.96米的特大风暴潮值，给当地造成了严重风暴潮灾害，造成的经济损失也是不可估量的。

海洋潮汐对风暴潮的影响也不容忽视。渤海湾每月有两次大潮，发生在农历初一和农历十五，有时也会延后2～3天。而在新中国成立以来的六次大的成灾风暴潮都发生在农历初一和农历十五以后1～4天内。潮汐是存在半日潮和全日潮的，由于广东省沿海以半日潮为主，所以在下午5点和早上5点左右是最易产生风暴潮高峰潮位的时刻。2003年10月11日，广东出现的特大风暴潮发生于凌晨4点，下午5点再遇高潮，也正基于这一点，天文大潮对风暴潮的影响更不容忽视。

风暴潮灾害的另一种情况造成的损害更加严重，也就是人们常说的"三碰头"现象。"三碰头"指的是天文大潮、台风雨和风暴潮在同一时间相聚。天文大潮我们在上面已有所了解，而"台风雨"，顾名思义就是因台风而引起的降雨。台风从海上兴师动众而来，携带着丰沛的水汽，并不是所有的水汽都会形成降水，只有遇到陆地上合适的气候条件，才会形成强降水。加之台风的风力驱动海水向近海堆积，导致沿岸水位异常升高，如若超过了一定的极限，则必然会对沿海的经济造成一定的危害。

例如1956年8月1日席卷浙江的台风，给当地人民带来了严重的损失。由于台风强度很大，风力达10～12级，暴雨便集中在了天目山、四明山区和钱塘江与浦阳江之间，形成了三个暴雨中心，雨量很大，这更加剧了灾害。因此，最终全省75个县市都遭到不同程度的损失，象山县海塘全线溃决，死亡人数达到3403人。全省江堤海塘有869千米被冲毁，主要公路路基38.5%都因此破损，浙赣铁路路基10处被毁坏。受淹的农田面积达3607平方千米，给当年的农业生产造成了很大的损失。毁损房屋71.5万间，死亡4926人。

又如仍存在于我们记忆中的1994年17号台风，在温州市瑞安市梅头镇登陆，台风登陆时近中心最大瞬时风速为55米/秒，又正赶上农历7月15的天文大潮，形成了狂风、暴雨、大潮"三碰头"局势。从而造成了乐清市砩头站日降雨量达620毫米，温州、台州降雨量都在200毫米以上，全省有10个市、48个县（市、区）、1150万人口不同程度受灾，189个城镇进水，倒塌房屋10万余间，农田受淹3767平方千米，江堤海塘949千米被损坏，全省死亡1239人，直接经济损失达131.5亿元。数家工矿企业停产，温州机场候机厅被海水浸没，被迫停航半个多月。

可见天文潮、台风雨和风暴潮不相遇则已，一旦相遇就无可避免地损失巨大。它可能导致潮水漫溢，冲毁海塘，海水倒灌，甚至引发海啸，破坏力极大，因此，做好相关的防范工作势在必行。

地形与风暴潮

▲雷州半岛俯瞰

　　我国是风暴潮的多发国，风暴潮发生的范围非常广，因此风暴潮对我国造成的影响也是比较大的。我国由于地域广阔，海岸线较为曲折，在潮灾的发生方式上也有别于世界其他国家，在我国北方的渤海、黄海两处海岸存在的风暴潮有其自身的特点，鉴于中国海岸地形的特殊性，这种类型的特殊的风暴潮只存在于我国。由于发生的范围小，目前尚未引起国际风暴潮研究者的关注。按风暴潮发生的类型来看，温带风暴潮的成灾地区集中在渤、黄海沿岸，其南界到长江口，其中渤海的莱州湾沿岸和渤海湾沿岸地区最易受灾。

从地区上看，沿海地区都可能发生这一灾害。其实，并非所有的沿海地区都会成为风暴潮的驻留地。通过监测发现，海岸地形跟风暴潮的发生有密切的关系。

首先，地形特点与风暴潮大小有着明显的关系，多山的地方会阻碍风暴潮的前进，因此遇到这种地形它就会滞留在该地一段时间，对该地造成影响和破坏。比如雷州半岛东部海岸，以及汕头、澄海、饶平等市县一带的海岸，风暴潮特别严重，主要是因为雷州湾是大尺度弯曲海岸，汕头港和柘林湾的形状都类似于口袋形，水体易于堆积，难于扩散，因此往往造成比较大的风暴潮增水。在一些海湾，海湾顶部的台风增水幅度往往比湾口的增水大得多，例如，1979年的7908风暴潮，大亚湾顶部的稔山水龙海堤的风暴潮位为3.04米，最大增水为3.30米，而湾口的港口潮位站，只有0.88米和1.14米，湾顶的风暴潮最大增水为湾口的2.89倍，这组数据也提醒我们，在建造大型建筑物时一定要对灾害防御有所考虑，切忌在湾顶或

▼大亚湾海滨

者低洼的地方进行大规模的建设。

其次，古海蚀地形的高度与风暴潮也关系密切，华南海岸是中国遭受台风侵袭最多的岸段，台风风暴潮期间的波浪对基岩海岸的侵蚀作用自然也很强。但特大高潮的出现也并非是一件轻而易举的事情，它发生的几率也很小，只有在天文潮高潮与台风风暴潮同时出现的条件下，风暴潮波浪才会冲击海岸较高的位置，而且一次风暴过程中特大波浪出现的时间也很短。所以，大波浪作用在高位的机会也很小。

现代海蚀平台和海蚀穴一定是现代波浪，当然也包括风暴潮期间的波浪在现代海平面上长时间作用的结果，但风暴潮的高潮位和大波浪并不能形成相应的高海蚀平台。对照华南沿岸平均高潮位所推算的海蚀平台高度，在现代海面作用下的华南海蚀平台很难有3米以上的高度，在此高度附近或以上的古海蚀平台既不在现代海平面波浪作用范围之内，也不是风暴潮作用的结果，只能是构造抬升或海平面上升的结果。

再次，我国的渤海和黄海是风暴潮多发的区域，为什么风暴潮对这两处海岸格外偏爱呢？当然，渤海、黄海沿岸的纬度偏高，再加上当地的气候特征，因此多出现温带风暴潮灾害。除了气候的原因，还有一个重要的原因就是这两处的地形，渤海湾呈半封闭状态，开口面的一面迎风，四周的陆地又是平原，没有山地的阻挡。

如果加上天文潮的影响，风暴潮表现更为突出。在春秋季节，我国渤海和黄海北部是冷暖空气频繁交汇的地方，冬季频繁受到冷空气和寒潮大风侵袭，一年当中每一个季节都有可能发生风暴潮。

除了黄渤海，我国还有一处海岸也是风暴潮的多发区域，它就是琼州海峡南岸的海南。那里港湾较多，而且影响该岸段的热带气旋也很多，尤其是穿越琼州海峡及在海南岛东部偏北沿岸登陆的热带气旋是形成该岸段严重风暴潮的主要路径，由于东北和西北风极易造成海水在此处堆积，自1953年至2005年资料统计表明，琼州海峡出现100厘米以上的增水次数达23次，相对次数不算频繁，但增水幅度较高。而与海南岛多频率的风暴潮相比，海南岛西部岸段出现的风暴潮次数比较少，强度也较弱，除了热带气旋登陆海南岛西行后到西部沿岸时已减弱外，其西部的地形也不利于增水。另外，由于海南岛北部湾特殊的地形，使得此岸段的增水过程中峰值往往会出现在热带气旋远离本地区甚至登陆越南后。因此，我们可以看出，海南岛沿岸的风暴潮分布特征不仅与热带气旋强度、路径有关，还与沿岸地形密切相关。

海平面上升与风暴潮

▲加勒比海风光

　　海平面上升是全球性问题，它也影响着风暴潮发生的概率。海平面上升是由于大气中二氧化碳和其他温室气体大幅度增加，全球气候变暖导致温度上升，极地冰川融化、上层海水变热膨胀引起的后果。据政府间气候变化委员会最新报告预测，到2030年大气中二氧化碳总浓度将达到百万分之五百六十，比工业革命前增加一倍，这时地球平均温度将上升1～2℃。相应地全球海平面上升50～100厘米。这样一来，发生风暴潮的概率又将提升一些。

　　很多人认为海面是平坦的，这并不科学，只有经过详细研究之后才会发现，尽管风、海底地震和潮汐总是引起海面的涨落，海平面其实也具有比较稳固的、和地形一样的起伏状态，我们称之为"海面地形"。我国近海海面的地形特征是南高北低，也就是说，福建、广东要比天津沿岸更高，因此，海平面上升的空间也就相应小一些。经国家海洋局监测发现，就我国海域来看，在短短三十年的时间里，沿海海平面总体升高了9厘米，其中辽宁、山东、浙江的海平面上升幅度都超过了10厘米，福建、广东这些上升幅度最小的地方也在5到6厘米之间。并且这个数据还有往上升的趋势。据权威预测，2013年中国沿海海平面将比2000年平均海平面高出28毫米，其中福建沿海海平面将高出26毫米。预计到2050年，中国沿海海平面很有可能比2000年上升13～22厘米，这一现象也引起了有关部门的广泛关注，因为海平面上升不仅提升了风暴潮发生的概率，也使得风暴潮灾害加重。

有些海平面的上升幅度小，差异看上去似乎微乎其微，却会对台风的

▼极地冰川融化

形成造成很大影响。这是因为，即便海水上升幅度相对微小，仍会给风暴增加无穷的能量。空气温度上升会增加低层大气的水汽量，进而给风暴的形成添加更多"燃料"。

与海平面上升同时进行的，是地面的沉降。地面沉降使风暴潮的水位相对升高，致使许多沿海防灾设施的设计标准降低，这些地区一旦遇到风暴潮就极易成灾。以我国为例，从1992年、1997年、2003年三次大的风暴潮情况来看，其高潮位相差无几，都属同一级别，并且97年后还修建了防潮堤，但这三次潮汐灾害却逐年加大，其主要原因就是地面沉降。

最后，海岸带的侵蚀也降低了海岸对风暴潮的防御能力。风暴潮反复侵袭，潮水也不断地冲刷沿海砂坝，例如沧州沿海的狼坨子，1954年至1985年的31年间，遭遇风暴潮侵蚀的最大距离可达350米，一旦遇到天文潮，受到侵蚀的海岸根本无法抵御风浪侵袭，这也是造成灾害的最直接的原因。

此外，降水对风暴潮也有影响，与其他因素相比，降水影响可谓非常小，但在热带气旋伴随特大暴雨来临时，降水会在沿岸产生很大的径流使海面相应升高，这样就能加大风暴潮发生的概率。例如，2003年10月11日的风暴潮就是伴随着强降雨而发生的，沧州平均降水量达到157.2毫米，最大值达到208.8毫米，强降雨加强了风暴潮灾害的破坏力。

海岸洪水与风暴潮

▲海岸洪水

　　海岸洪水，顾名思义就是海岸上发生的洪水，在我们的印象里，洪水一般都发生在陆地上，海岸洪水与陆地洪水有什么不同吗？另外，同样作为海洋水灾，我们有必要了解一下风暴潮与海岸洪水的关系。

　　从形成的原因来看，陆地洪水通常是由暴雨、急骤融化的冰雪、风暴潮等自然因素引起的，而这些自然因素所造成的直接影响往往是江河湖海水量迅速增加或水位迅猛上涨。而海岸洪水形成的原因则不同，海岸洪水是沿海岸水面产生大范围增水和强大波浪冲击的现象，它是在天文大潮、风暴潮、海啸以及河流洪峰等因素作用下形成的，它因气象因素和发生时间不同而产生一定的差异，一般由一种或若干种因素综合作用而成。因此，就海岸洪水和风暴潮的关系来看，我们可以说，风暴潮的高潮位是造成海岸洪水的原因之一。

海岸洪水威胁着海滨一定范围内人们的生命财产安全，是沿海地区常见的一种洪水灾害。中国海岸洪水常见于广东、福建、台湾、浙江、江西、江苏、山东和辽宁等地区，海岸洪水与陆地洪水相比，具有增水幅度大、破坏性强及突发性的特点。当特大风暴潮来临时，水位必然会增高，而出现大幅度破纪录的水位值的情况也变得很平常，此时还常伴随暴雨和强浪，更加剧了水位上涨。此外，它的可预见期短，只有1～2天，甚至几小时，由于无法提早做出预测与防范，所以更增加了它的危害性。

在沿海地区，陆地洪水的下泄也会反过来增加风暴潮发生的强度。虽然这种影响并不常见，但这样的因素不可忽视。以珠江三角洲为例，洪水

▼海岸线

从西江马口或从北江三水往下游珠江三角洲网河泄洪时，正好遇上河口的风暴潮波上溯的情况。洪水被顶托而不能顺畅地流入大海，大量洪水自然会滞留河口，使原来已被抬高的潮位不断攀高。此外，当台风在珠江河口登陆时，常带来特大暴雨，产生一定的径流量，径流量无疑又是一个增加潮位的因素。特别是东江和流溪河，每每会有大量洪水涌入，使河口某些河段底水增长，从而抬高了水位。

1974年7月22日发生的"7411风暴潮"就是这种情况的典型例子，从气候与地理两方面分析，上游洪峰极少会与珠江河口台风风暴潮相碰，但由于珠江流域宽广，洪峰过后，仍有大量剩余的洪水下泄，西北江均有较大洪水，三水洪峰水位8.74米，这样便抬高了水位，增高了风暴潮潮位。正好遇上朔日大潮期，7411号强台风又在阳江登陆，在洪水余水、天文大潮、台风三者相互作用下，广州市出现了从新中国成立后至今的最高水位，据统计，广州浮标厂水位达到2.41米。由此可见，当洪水、天文大潮和台风三者汇集时，也是沿岸地区水位上升最高的时候。

再以福建为例，从福建省的地形看，福建地处亚热带地区，依山面海，海岸线长达3324千米，内陆山丘区占90%。福建常见的暴雨主要有两种类型：一种类型形成在5月至6月的梅雨季节，这种类型的暴雨往往是由冷暖空气急剧交锋引起的。暴雨中心多出现于闽西北大山带的迎风坡，一天最大降雨量可达200～400毫米。另一种类型主要形成在7月至9月，是由台风来袭造成的。暴雨中心多出现于闽中大山带的迎风坡，一天最大降雨量可达300～500毫米，这种类型的降雨自然比梅雨季节降雨量要大一些。这些降水都通过各种渠道流往大海，由此大大提高了风暴潮发生的概率。福建许多重要城镇位于河谷盆地和滨海平原区，地面高程多在河海洪潮高

▲水位标尺

水位以下，因而洪潮问题非常突出。根据10多场洪水遇到风暴潮的情况统计，一般情况下，洪水可促使风暴潮潮位比同等台风条件下的风暴潮增加0.2～0.5米，由此可见，当风暴潮恰好遇到洪水时，其风暴潮位定会大大增加，这也是洪水使风暴潮危害加大的主要原因。

在多降雨的季节，陆地洪水的形成在所难免，但是只要防御得当，自然会将损失减少到最小值。而海岸洪水则有着不同的成因，尤其是当风暴潮来临之时，加上降雨量增加，水位自然会不断攀升，从而造成海岸洪水泛滥，对沿岸经济与人身安全都构成一定的威胁。

波浪与风暴潮

▲风暴潮淹没农田

　　想准确地描述风暴潮，必须对各项与潮汐相关的数值进行计算，而波浪的计算对描述风暴潮有着重要的意义，当然，波浪与风暴潮之间也存在着十分微妙的关系，只有分析清楚二者之间的关系，才能够达到防患于未然的效果。

　　从波浪到增水的过程大致是这样的：当波浪传播到近岸地区时，会不可避免地产生反射、折射和破碎等现象，从而使水体受到一种压力，这种压力迫使水体向岸堆积起来形成增水。特别是台风期间，波浪在近岸的增水现象较为显著。因而人们逐渐认识到，在计算风暴潮时除了考虑风暴潮和天文潮相互作用外，还应包含波浪对近岸水位的影响。

1988年，国际上开始对波浪和风暴潮的相互作用进行数值研究，专家学者们就波浪和风暴潮的相互作用进行了数值模拟，包括对波浪和天文潮、风暴潮相互作用的不同方面进行研究，但这些研究大多仅考虑了相互作用的影响的一个方面，而且波浪模式计算需要时间较长，不能满足风暴潮快速预报的需要，因此在预报时一般不考虑波浪因素。后来，我国的专家们利用建立的长江口及邻近海域的二维风暴潮数值计算模式，对2007年至2008年有较大影响的4次台风风暴潮进行加波浪和不加波浪的计算，将计算结果与实测资料进行比较分析，得出了这样的结论：波浪对于风暴潮的影响程度取决于台风的路径、登陆地点和不同时刻。在强台风中，尤其

▼滩涂

▲ 海浪

是在台风登陆前后一两天内，加波浪计算比不加波浪计算出的风暴潮水位精度总体要高。当台风登陆点距离计算区域较远时，在该地区产生的波浪较小，因此对增水的影响不是很大，在计算时可不考虑波浪以提高计算效率。当台风传播到近岸时，波浪会受地形等影响而产生破碎，迫使水体向岸堆积起来形成增水，波浪可在一个很小的范围内发生巨大的变化，所以在计算近岸地区的风暴潮时也需要考虑波浪的作用。

台风来袭前后，波浪也会发生相应的变化。台风来袭前，其引发的波浪已先一步到达，原本平静的海面便开始有长周期波浪的水位变化，虽然还没有到波涛汹涌的地步，但缓慢且起伏比较大的水位变化已经使水面看上去与平常有所不同。当台风来袭时，大风笼罩整个海面，此时的波浪形态转变为风浪，随后台风持续对波浪发生作用，波浪的状态就会变得波涛汹涌。台风发生过后，波浪就变成长周期波的形态，由于台风过后的缘故，台风不再持续给予波浪能量，但依旧有波浪进入，只是水位的变化不再如台风来袭前巨大。由此我们可以看出，台风威力大小对于海面波浪有绝对性的影响，一般说来，强台风会引起强烈的波浪现象，轻度台风所引发的波浪相对较小。

另外，波浪的大小会对碎波产生的位置造成一定的影响，也会增加波浪作用于海岸结构上的波力，因而造成结构物损坏的程度也就不同。以1996年的"贺伯"与1997年的"温妮"两次台风为例，强台风"贺伯"来袭时，恰为大潮日并且正好是大波浪时期，波浪在海堤外的海域就是碎波，能量略微消散，所以尽管海岸大淹水，却仅造成海堤断裂，没有产生过大的影响。而1997年来袭的"温妮"虽仅为中度台风，且为非大潮日又为小波浪，却因为海浪是在大堤前部成为碎波，使能量集中于堤身，造成堤身损坏严重。

风暴潮多发地——中国

在中国历史文献中，风暴潮又被称为"海溢""海侵""海啸"及"大海潮"等。据统计，汉代至今，我国沿海共发生特大潮灾600多次，一次潮灾的死亡人数少则成百上千，多则上万，甚至十万之多。风暴潮的发生会淹没农田，冲垮盐场，摧毁码头，破坏沿岸的国防和工程设施，给国防、工农业生产和国民经济都带来巨大损失，同时，也对沿岸人民的生命构成一定的威胁。

中国是世界上风暴潮灾害严重的少数国家之一，风暴潮灾害一年四季均可发生，从南到北所有海岸无一幸免，因此，对风暴潮更应该引起关注。

　　从频率来看，中国风暴潮发生的次数最多。从全球范围来看，西太平洋沿岸是世界上发生风暴潮最频繁的地区，日本是一个多风暴潮的国家，而中国风暴潮的发生次数和发生率，比日本还要多5倍以上。从时间上看，中国风暴潮一年四季都可能发生。从强度来看，中国风暴潮的强度最大。这是由于中国近海具有广阔的大陆架，水浅滩涂广，为风暴潮的充分发展提供了有利条件。从发生特征看，中国风暴潮的发生具有一定的复杂性。中国海岸线曲折，地形复杂，特别是在潮差大的浅水区，天文潮与风暴潮具有较明显的非线性耦合效应，加之天气多变，各个气旋、台风、反气旋的移动路径、强度、速度、风力大小与方向等各不相同，致使风暴潮的规律更为复杂。

　　从现有记录来看，中国最大风暴潮的增水值超过日本、荷兰、英国、美国，成为风暴潮位最高的国家之一。中国的风暴潮多发生在广东、浙江、上海、山东、天津等地。

▲秦皇岛海边

中国风暴潮的分布规律

自然现象在发生过程中都存在着规律，作为一种灾害性的自然现象，风暴潮也不例外。风暴潮的发生在时空分布上也存在规律。

由于中国海岸线绵长，专业组织对中国的沿海风暴潮灾害的时空分布规律进行了研究，作为风暴潮多发国家，中国希望通过掌握这一规律对沿海风暴潮多发区、脆弱区提前做好灾害防范工作。根据相关组织搜集、整理和统计的资料表明，在新中国成立后沿海11个省市近百个验潮站经历了600多次台风风暴潮的袭击，其中渤海湾、莱州湾、海州湾沿岸100厘米以上增水的温带风

55

暴潮有1000多次。级别达到红、橙、黄以上预警等级的灾害性风暴潮发生过多次，在这段时间，一共发生黄色预警以上级别的台风风暴潮达到217次，橙色以上级别的118次。而温带风暴潮的次数要少一些，其中，黄色以上级别温带风暴潮有63次，橙色以上级别的只有12次。相关部门根据受灾度公式计算出每次灾害过程的灾度值后，绘制出我国沿海，包括黄渤海、东海、南海各岸段风暴潮分布图，便于进一步分析和了解我国风暴潮灾害的空间分布规律和季节分布规律等。

从空间位置来看，受地形影响，渤海湾、莱州湾、长江口、杭州湾、珠江口、雷州半岛东岸风暴潮均较大。就发生原因而言，我国主要验潮站中，海州湾（连云港验潮站）、莱州湾（羊角沟验潮站）、渤海湾（塘沽、黄骅验潮站）沿岸的最大风暴潮值都是由温带风暴潮引起的，而其他各站则主要是台风造成的。潮差分布也有规律可循，自北向南逐渐增大，随后有减小的趋势，再到广东省北部由东向西又逐渐增大。总的来说，东海最大，在杭州湾地区的潮差可以达到7~8米；黄海潮差次之，江苏沿岸潮差可达5~6米；渤海第三，天津塘沽沿岸潮差一般为3~4米；南海地区潮差较小，广东沿岸潮差能达到2~4米。河北秦皇岛和山东黄河口由于位于无潮点区，潮差最小，一般为1~2米。就风险程度而言，无论是中国沿海，还是渤海、黄海、东海、南海都随时间推移而呈上升趋势，特别是进入21世纪以来，随着全球气候变暖，台风加强，风暴潮灾害也呈现加重的趋势，在四个海区中上升趋势最明显的是东海。

从时间分布来看，灾害性温带风暴潮的季节变化非常明显。每年4月和10月是春秋过渡季节，冷暖空气频繁活跃在我国北方海域，温带气旋、强冷空气活动频繁。统计发现，1950年至2007年达到橙色以上灾害性温带风暴潮12次，其中3次发生在4月份，4次发生在10月份。1950年到2008年，平均每年都会出现12次100厘米以上温带风暴潮，150厘米以上的风暴潮平均每年也会出现3次，200厘米以上的平均每年1次。我国有验潮记录以来的最高温带风暴潮值为352厘米，为世界第一高值。

台风风暴潮的季节变化规律也和台风的季节变化规律息息相关。许多气象专家的研究结果表明，我国一年四季都有台风生成，其中以7月至10月为台风发生的频繁季节，8月至9月最多，约占生成台风的40%。在我国登陆的台风也多集中在7月至9月，这三个月约占总数的77.6%。从以上的统计中可以看出，灾害性风暴潮的多发期基本与台风的登陆期同步。

台风风暴潮多发地——广东

▲海洋上的暴风雨

　　中国南方的广东省是一个风暴潮多发地区，据史料记载，从798年至 1949 年间，大约有1440次台风灾害侵袭了广东省，从1949年至2008年不足六十年的时间里，登陆广东省的台风就多达 203 次，其中珠江口地区56次，粤西地区多达95次，粤东地区 52 次。当这些台风登陆时，绝大部分都伴有风暴潮灾害。在发生的风暴潮灾害中，又以粤西沿海的雷州半岛东岸、粤东沿海的汕头至饶平地区和珠江三角洲的珠江口最为严重，以粤西雷州半岛西部海岸最轻。

　　广东风暴潮灾害如此频繁，并非偶然，这和此地的地理环境有很大的关系。首先，广东省海岸的喇叭口地形与风暴潮的发生关系密切，这种地形往往会"吸引"风暴潮登陆，珠江三角洲平原是尺度达到数百千米的大喇叭口，其中广东中北部是最典型的喇叭窄口地带，因此，这里的风暴潮发生次数也会比较多。广东省汕尾市、阳江市则是小于100千米尺度的喇叭口地形，水体容易在这些地方堆积成灾。

其次，广东多降雨天气也促成了风暴潮的发生。春季和初夏，北方冷气团与来自南海的暖湿气团相遇，双方实力相当、持续不下在南岭一带形成静止锋，导致广东省的长阴雨天气和前汛期的暴雨天气。夏季和初秋，形成于海洋的热带气旋又频繁光临广东，致使广东省成为中国受热带气旋影响最严重的省份。

从地形上来看，广东的南岭山脉又是低层天气系统运动的障壁，空气流动遇到山脉受阻时候，移动速度减慢，也在一定程度上延长了降水时间。而洪水季节中的6月至10月正是台风最活跃的时期，因此风暴潮在每年的4月至12月里均有可能发生，时间跨度大，但7月至9月是发生的高峰期。洪水下泄遇到台风风暴潮，形成的灾害就更加严重。

再次，台风登陆广东的路径也影响着这一地区风暴潮的灾害程度。影响广东的台风大多数来自太平洋，也有部分是在南海生成的。从大范围来说，台风进入120°E以西，18°～23°N的南海海面，对广东沿海都会产生不同程度的影响。但由于广东海岸线长，台风在某地段可能造成极其严重的风暴潮。例如，当台风越过120°E，进入114°～120°E，19°N以北的海区以后，如6903、7908号台风，对粤东沿海就产生较大的影响，特别是穿过菲律宾北部，巴林塘海峡进入南海的太平洋台风，对粤东沿海造成的风暴潮灾害特别严重。对珠江三角洲沿海地区来说，台风进入纬度在20°N以北，114°E以西的海面，便会使珠江口产生风暴潮灾害，这似乎已经成了不变的规律。而对粤西沿海来讲，台风进入109°～113°E，18°～22°N范围以后也会产生风暴潮，特别是穿越了琼州海峡、在海南省文昌县附近登陆的台风引起的风暴潮，通常会产生特别严重的潮灾。

广东省曾出现的风暴潮灾害次数较多，其中，比较突出和造成严重损失的有6903、7908、8007、8309、8908、9316、玛利亚和榴莲等风暴潮，其中情况尤为严重的是9316号风暴潮和8007号风暴潮。

9316号风暴潮，是由9316号台风登陆引起的，从编号上我们可以看出，这次台风登陆的日期为1993年9月16日，9316号台风的登陆地点在广东珠海地区，登陆时中心附近最大风力达到12级，又刚好遇上天文大潮期的高潮涨潮时段，两者的作用力相叠加，使珠江内的中山、珠海、深圳、广州一带先后出现200年来的历史最高风暴潮位。在坦洲灯笼山水文站水位达2.65米，这次水位超过历史最高的1937年8月6日最高潮位2.5米，而横门水位站历史最高潮位为2.58米，而这次超过历史最高峰0.08米。这次台风来势凶猛，移动速度极快，风力也很强，同时，在风暴潮和暴雨的共同袭击下，广州、珠海等11市37个县（市）受到不同程度的灾害，直接造成了全省569万人受灾，死亡人数达到25人，0.8万间房屋被冲毁，农作物受灾面积136.2平方千米，溃决堤围53千米，直接经济损失19.62亿元。在短短的时间里，良田变成一片汪洋，对受灾地区人民的人身安全和生产都构成威胁。

8007号风暴潮则是由8007号台风登陆引起的。1980年7月22日，8007号台风在广东徐闻沿海登陆，造成广东省西部沿海发生罕见的近百年来最严重的一次灾害，其增水值是中国有潮位资料以来的首位，在世界上也名列第三位。当时，湛江市潮位达到6.5米，海康县也出现历史最高海潮，南渡河水位达7.2米，超过历史最高水位1米多。这次风暴潮由于来势凶猛，在短短的数小时内海水就淹没了沿海村庄、城镇、港口、码头。海堤和沿海建筑物的基底被掏空而倒塌，沿海的海康、徐闻、吴川、遂溪、湛江等县市343处海堤被冲垮320处，占93%。在台风正面袭击的湛江地区，90%的海堤被冲垮，碗口粗的大树被连根拔起，由于湛江及海南海口市海堤被冲垮，海水倒灌，农业受灾面积2090平方千米，倒塌房屋11万多间，淹没大小船只3100多艘，冲垮山塘、涵闸、电站、堤围等1000多处，橡胶树倒折850万株，电杆1300多条受损，死亡296人，失踪137人。

这些严重的潮灾给广东沿海经济建设和人民生命财产造成不可估量的损失。因此在广东沿海地区进行经济开发时必须充分考虑风暴潮危害的严重性，重大项目尽量不要建在易遭风暴潮袭击的岸段，同时必须修建具有一定防潮能力的海堤并通过加强风暴潮的监测、预报等措施有效地防御风暴潮灾害。

▼ 珠江暮色

易受风暴潮影响的福建

位于中国东南沿海的福建省，东临台湾海峡，因此台湾海峡的地形对福建沿海风暴潮的时空分布有明显影响。在这种特殊地形的影响下，福建沿海风暴潮出现了明显不同的四种分布和变化特征。

第一种台风登陆路径是穿过或靠近台湾海峡北部，在福建霞浦至福清一带正面登陆，如6615、6906号台风。这类台风登陆前台湾海峡北部及台湾岛以北海域主要刮的是东风、东北风和偏北风，驱使海水进入海峡，因此福建的最大增水也出现在登陆前几小时。在水位增加过程中水位变化比较缓慢，主振也不是很明显，有较明显的周期性。各站最大增水呈现由北向南略推迟出现的规律，增水幅度均不大，一般在60厘米左右，北部增水比南部略大一些。等到台风登陆时，风向发生转变，主要吹西南风、偏南风，使进入海峡的海水明显减少。

第二种台风登陆路径是经过台湾岛以北正面登陆福建东北部至浙江南部沿海地区，如7207、7209、9711号台风，这类台风一般会引起福建沿海较大的增水。当台风位于台湾岛东北方或北方时，其右前方多为偏东北风，将开阔的外海海水带到海峡内，最有利于海峡增水，这时福建沿海增水通常会达到最大。当台风接近沿海登陆时，其右前方主要在陆地上，不利于福建沿海增水。

第三种台风登陆路径是穿过台湾海峡南部或台湾海峡以南在广东东部至福建漳浦一带正面登陆，如8015、

8304 、9107号台风。福建沿海最大增水出现在台风登陆前后几小时，最大增水出现于台风登陆点右侧、台风最大风速半径附近位置，往北逐渐减小。

第四种台风登陆路径是穿过台湾海峡中部在闽中、闽南登陆，如9406、0010号台风。这类台风使福建沿海各站最大增水一般出现在台风离开台湾岛与登陆福建之间这段时间。在这类台风影响下，福建沿海各站南部最大增水出现比北部略早些。在台风登陆福建前，北部增水波动比较明显。

另外，台风横穿台湾海峡时，还易使台湾海峡北部和福建沿海出现双增水峰现象，第一个增水峰出现在台风离开台湾岛进入台湾海峡后，第二个增水峰出现在台风登陆福建沿海前后，风暴潮与天文潮之间的相互作用可能是其重要原因。

当台风位于台湾海峡时，其大风区位置和强度的差异，也会影响福建沿海各地风暴增水的幅度。台风进入台湾海峡时，台湾海峡北部主要为东北风或东风，风驱动海水主要从海峡北部进入海峡，由风驱动海峡南部进入海峡的海水相对较少，这样增水也由海峡北部进入。又由于台湾海峡北窄南宽，限制了海峡北部增水的幅度，因此整个海峡增水不是很大。

若遇到10级台风，风区主要位于台湾海峡南部，为西南风或偏南风，大风驱使大量的海水从海峡南部进入海峡，北部为较小的东北风或偏东风，使小部分海水从海峡北部进入，海峡南宽北窄，没有限制，海水会在海峡南部堆积，从而使海峡西岸的增水量较大，如 0010 号台风来临时，东山、厦门、平潭、三沙最大增水达 1 米多。

如果遇到10级以上强度的台风，由于移速较快，台湾海峡的局部差异也就不那么明显了，整个海峡增水量都会较大。如 9608 号台风，福建沿海从南至北最大增水都在 1 米左右，各站之间相差不大，北部略大。

风暴潮喜欢光临的浙江

▲象山港

　　浙江自古以来就是一块富饶的土地，以境内第一大河曲折而得名。浙江东临东海，沿海港湾河口众多，岸线曲折，加之舟山等3000多个岛屿，海岸线总长达6500多千米。浙江经济发展迅速，现今，浙江也是全国出名的商业经济大省。遗憾的是，热带风暴潮却没有因此放过这片土地。来自西北太平洋上的热带气旋不断地袭击浙江，靠海为生的浙江人或许对台风早已司空见惯，但一次又一次风暴潮灾难却成了当地人的噩梦。

　　20世纪90年代以来，浙江频频遭受台风风暴潮袭击。全国每年在大陆沿海登陆的台风平均为7个，浙江占9%，虽然比例不高，可是浙东沿海面临广阔的东海大陆架非常有利于风暴潮发展和天文潮波幅的增大。特强台风或强台风一般都在天文大潮汛期时发生，台风风暴潮与天文大潮相遇，往往会出现特高潮位。在强大波浪的袭击下，海塘工程损毁溃决，大片平原被潮水淹没，水深往往达到2~3米。就人员伤亡的情况来看，浙江比较严重的风暴潮有：1956年8月1日，在象山县石浦附近登陆的第12号强台风对当地造成了很大的影响。当时台风中心气压达到923百帕，风速为65米/秒。象山港大嵩江站头站在小潮汛期的8月2日出现6.57米的最高潮位，引起特大风暴潮，淹没农田367平方千米，死亡人数4629人，是近几十年来浙江最严重的风暴潮灾害。

1994年8月21日，9417号台风在瑞安市梅头镇登陆，当时中心气压960百帕，风速40米/秒以上。登陆后，台风增水正好与天文潮的高潮位碰头，瑞安、温州、乐清、坎门一带出现特高潮位，超过历史最高潮位0.4~0.6米，浙江无数海塘被摧毁，自台风登陆地点北侧120千米的沿海地区汪洋一片，1126人遇难，失踪者不可计数，直接经济损失67.7亿元。

1997年8月18日，9711号台风在温岭市石塘镇登陆，当时中心气压为955百帕。本次台风登陆时又与天文大潮同步，台风增水与天文大潮的高潮位叠加，使台州湾以北沿海及钱塘江河口的实测潮位超过历史最高潮位0.25~1.05米。此次台风刷新了浙江全线的潮位记录，造成250多人死亡，直接经济损失达到60多亿元。正是因为此次灾害使浙江省政府痛下决心修建标准海塘。

在2002年9月7日18时30分，被命名为"森拉克"的台风在浙江省温州市苍南县登陆。受其影响，福建、浙江、上海沿海普遍出现了100~300厘米的风暴增水，潮位上升。这次台风给浙江省带来了很严重的灾难，受灾人口达到792.2万，其中浙江省不得不转移人口50多万，死亡29人，受灾面积2100平方千米。这次台风同时给海洋养殖业造成了严重的影响，船只损坏与沉没320艘，海洋水产养殖受灾280平方千米，直接经济损失达7.9亿元。房屋倒塌9100间，堤坝损坏659处、总长231.6千米，直接经济损失总计29.6亿元。这次灾难让很多人无家可归，同时，也表明加强台风的预警与防范是多么的重要。

2004年，台风"云娜"在浙江省温岭市石塘镇登陆，其引起的风雨潮"三碰头"，是1979年以来对浙江影响最大的风暴潮，导致164人遇难，24人失踪。

2005年9月11日14时50分，台风"卡努"穿过湖州在浙江省台州市路桥区金清镇登陆，风力达50米/秒。由于"卡努"风势强、雨量大，给浙江省10个地市造成严重损失，导至14人死亡，9人失踪，直接经济损失达79.5亿元。

2006年8月10日17时25分，距离上次风暴潮还没到一年的时间，超强台风"桑美"袭击了浙江省苍南县马站镇以及周围地区，这次台风是近50年来登陆我国的最强台风，这次台风登陆时正赶上天文大潮期，因此，更加剧了台风的威力，双向因素造成了浙江、福建沿海的特大风暴潮。福建、浙江两省共损失70.17亿元，死亡230人，失踪96人，对人们的日常生活产生相当严重的影响。在"桑美"登陆前3小时，浙江全省紧急转移100.1万人，回港避风船只多达34 313艘，这些措施有效地减轻了灾害造成的人员伤亡和渔船损毁。

紧接着在2007年9月16日，在菲律宾东北大约1000千米的洋面上生成了声势巨大的台风"韦帕"，随后它肆无忌惮地朝西北偏西方向移动，在移动的过程中，受到气温等因素的影响加强为强热带风暴，17日凌晨2点又进一步加强为台风。不过，"韦帕"似乎并不满足于"台风"的级别，18日早晨它又进一步加强为超强台风，中心最大风力达到14级，成为10年来最强台风。"韦帕"给浙江温州、台州、宁波、舟山、金华、丽水、湖州、嘉兴等地带来狂风暴雨，潮位迅速上升，造成760万人受灾，5人死亡，直接经济损失达56.2亿元，给农业和工业都造成了严重损失，直接经济损失达5.4亿元。"韦帕"经过哪里，就会对哪里产生一定的影响，最直接的体现是在福建、江苏等地的潮位上。

2009年8月9日，"莫拉克"在福建省霞浦县沿海登陆，登陆时中心附近最大风力有12级，中心附近风速33米/秒。受"莫拉克"影响，台湾以东洋面、东海大部分海面、台湾海峡、巴士海峡、巴林塘海峡、台湾省沿海及中部山区、福建北部沿海、浙江沿海、长江口区、江苏沿海、上海沿海及黄海中南部海面发生7～9级大风，部分海域或地区的风力有10～12级。"莫拉克"台风引起的风暴潮造成461人死亡、192人失踪、46人受伤。

潮位越来越高的上海

▲黄浦江

上海位于我国华东沿海，每年都要遭到来自西北太平洋的热带气旋侵袭，虽然与福建和浙江沿海相比，风暴潮发生的频率要少一些，但袭击也不断。据史料记载，1461年到1861年，上海暴发多次风暴潮。最严重的一次发生在1696年，当时是康熙三十五年（1696年）六月初一，巨浪冲入沿海一带数百里。淹死者共十万余人，积尸如山，这也是我国风暴潮灾害历史的文字记载中，死亡人数最多的一次。进入20世纪，风暴潮仍然不断侵袭上海，1905年9月1日，台风引发海水倒灌，黄浦江水位猛涨，江水漫过堤岸入侵市区，大量物资被摧毁，损失在千万以上。1915年7月28日，强台风侵袭上海，黄浦江潮水骤增，江中大小船只被冲翻沉溺的有三百余艘，草屋全都被水淹没，灾民流离失所。1931年8月，因台风影响，黄浦江苏州河口增水101厘米，实测潮位4.94米，台风风暴潮冲毁了当时上海滩上的望江楼，沿海草房被席卷一空。1933年，台风袭击上海，潮位猛增，造成全市马路积水，郊区农田受淹，损失惨重。1949年7月25日，6号台风在上海金山县登陆，又遇上天文高潮，黄浦江苏州河口增水100厘米，实测4.77米，苏州河北的闸北、虹口、杨树浦一带，水深普遍达1米左右。郊区受淹农田1387平方千米，城乡房屋倒塌6.3万间，死亡160多人。1962年8月2日，7号台风影响上海，吴淞口潮位达5.38米，黄浦江苏州河口水位4.76米，在风浪的冲击下，仅黄浦江和苏州河沿岸的防汛墙就有46处决口，河水涌入，淹没了半个市区，南京东路水深达0.5米，损失达5亿。

据统计，现在上海平均每年都受3.2个大于或等于6级风力的热带气旋影响，虽然这些热带气旋绝大多数不登陆，但由于狂风暴雨的作用，上海的台风风暴潮还是经常出现。尤其是夏末秋初（7月下旬至9月），受热带气旋影响最为严重，仅黄浦公园站测到4.76米以上的最高潮位就有5次以上。风暴潮最高潮位出现的具体日期一般在阴历的月初和月中两个时段，与天文潮一致。

上海出现风暴潮时，潮位在吴淞口最高，历年最高潮位为5.74米，黄浦江口苏州河次之，历年最高潮位为5.22米，米市渡最低，历年最高潮位为3.86米。这是因为吴淞站靠近长江口，东海海潮在天体引潮力和风力的双重作用下涌向长江口，水体便在那里堆积最高。而黄浦公园站在苏州河口，距长江口较远，潮水进入黄浦江后，由于径流缩小，水流受到阻挡，因此潮位降低。米市渡站距离长江口更远，所以，测到的潮位比黄浦公园站更低。

　　但不管历年潮位如何，每个地区的潮位都随着时间的推移越来越高。20世纪80年代以前，黄浦江苏州河口最高潮位均在5米以下，而20世纪80年代以后，最高潮位超过5米。1949年黄浦公园水文站测到的最高潮位为4.77米，1974年测到4.98米，比1962年增高0.22米，而1981年测到5.22米，又比1974年增高0.14米。随着潮位的升高，超过警戒水位的次数也越来越多，20世纪50年代、60年代和70年代的3个10年中，吴淞口潮位超过4.96米的各1次，而在20世纪80年代的10年中却出现3次，是前10年的3倍。

▲暴风雪

　　从历史上来看，山东海岸风暴潮灾发生频繁。自公元前48年至1949年的近2000年中，山东沿岸有文字记载的风暴潮次数达96次，其中重灾33次，而渤海湾及莱州湾共出现不同程度的风暴潮灾70次。山东的风暴潮灾分布有一定的区域性。

　　山东地区北部依靠渤海地区，因为地形特殊，成了风暴潮经常光顾之地。其中以胶莱河下游莱州市土山乡为界，其西的渤海沿岸，特别是黄河口、莱州湾顶，是风暴潮灾的多发区和重灾区；土山乡以东沿岸，风暴潮灾发生频率相对较低。

　　除了渤海湾与莱州湾，青岛和烟台沿海也同样是巨浪、风暴潮等海洋灾害频发的地区，虽然不及渤海沿岸频繁，但历年直接受太平洋强台风影响，在陆地河流入海口处也时常发生海水倒灌现象。新中国成立至今，青岛沿海地区出现风暴潮及巨浪灾害近20次之多，平均次数也能够达到3年一次，特别是20世纪80年代以来，致灾程度越来越严重，受灾直接经济损失也越来越巨大，在8509号台风和9216号强热带风暴袭击青岛时，狂风携着倾盆暴雨凶猛而来，又与天文大潮相遇，青岛近海波高分别达到8米和6米，最高潮位分别达到5.31米和5.48米，经济损失分别达5亿元和3亿元。在1992年的台风风暴中，胜利油田也损失惨重。昔日平静的海水变成了一只凶残的野兽扑向渤海沿岸，胜利油田2072口油井停产，钻井、采油、电力、通讯、生活等设施损失惨重，油田区域内有21人死于潮灾，直接经济损失1.5亿元。

　　受地理位置和沿海浅滩较多因素的影响，不管是古代还是今天，烟台已多次遭到风暴潮侵袭。尤其是在1969年的一次因寒潮大风引起的风暴潮，在莱州湾羊角沟最大增水达3.55米，居全国第二位，超过警戒水位1.74米，增水3米以上的持续时间长达8小时，海水进入陆地40千米，其破

▼青岛海边

坏力为历史罕见，成为渤海沿岸最大的一次潮灾。居民区大面积停电，有线电视信号中断，路灯熄灭，电线杆也多处毁坏。

2007年3月5日，烟台遭受了暴风潮和暴风雪的双重袭击，烟台北部沿海一带平均风力8~9级，阵风达到10~11级，海面风力平均10级，阵风最大风力12级。这次的增水是由寒潮引起的，又刚好遇上天文大潮，从而导致黄渤海潮位上升，最高潮位达到610厘米，已超出正常潮位，为50年来罕见的一次高潮位。好在2006年新建的防潮堤除险加固工程经受住了这次风暴潮和天文高潮的共同冲击。

山东沿岸风暴潮灾南北的差异还体现在类型上。一是发生在夏季农历7月至8月，由台风引起的台风风暴潮灾，二是发生在春秋过渡季节，即在2月至4月和10月左右，由寒潮和温带气旋引起的风暴潮灾。这两种类型发生的频率基本相当。其中，在山东北部渤海南岸，莱州湾沿岸，风暴潮灾以风潮型的春季风暴潮为主，在半岛南部黄海沿岸，风暴潮灾以夏季台风风暴潮型为主。但受台风强度、移动速度和路径的影响，半岛北部也会发生台风风暴潮型潮灾。当台风沿着东海和黄海中部沿岸北上，穿过山东半岛进入渤海，如7203号台风；沿东海和黄海中部向西北方向移动进入辽东半岛，如6410号台风；经黄海中部转向朝鲜登陆，如5411号台风，均可能在半岛北部酿成潮灾。

据实测资料分析，山东沿岸南北风暴潮增水差异也较大，渤海湾和莱州湾南岸是山东海岸风暴潮增水值最高的地区，山东半岛南部沿岸风暴潮增水值较小。其中，渤海湾和莱州湾南岸各段增水值也相差甚大，以羊角沟增水值为最大，由此向两侧减小，增水最小的古镇口为1.05米。山东半岛南部沿岸增水值相差不大，为1～1.2米，青岛附近略高一些，为1.47米。

根据山东海岸历年风暴潮灾的分析，山东沿海每出现一次风暴潮，都会侵入陆地，少则5～10千米，多则20～30千米，甚至达60千米。风暴潮灾范围与潮位关系极为密切。海潮水位愈高，潮灾范围愈大。根据各地观测资料，一般的规律是海潮每上升1米，便向陆地推进10千米。

因此，防御风暴潮灾害，成为山东经济社会发展中一个刻不容缓的任务。

日益频发的天津风暴潮

▲塘沽响螺湾

天津处于渤海湾超浅海西部湾顶，这种特殊的地理位置，使天津成为风暴潮多发地区。近30年来，除了2月、4月没有风暴潮记录，每年的6月至10月为风暴潮的多发期，台风、风暴潮天气系统异常活跃，经常造成灾害的发生。

据史料记载，1781年至2003年的222年间，天津沿海共发生98次风暴潮，平均每2.3年一次。并且风暴潮发生次数呈明显上升趋势，1949年以前平均每5年发生一次，而1980年后平均每0.6年发生一次。这些风暴潮中，致灾的达39次，1949年以前平均每7年发生一次灾害性的风暴潮，1949后平均每3.6年发生一次灾害性的风暴潮，1980年后平均每2.5年发生一次灾害性的风暴潮，有时一年发生两次。

天津日益频发的风暴潮灾害与天津城市地面的下沉有很大的关系。天津地区由于严重超采地下水，地面下沉日益严重，特别是地处沿海的塘沽地区地面沉降更为迅速，1958年至2002年，塘沽地区地面沉降接近3米。海河防潮闸地区下沉1.52米，这种速度是令人恐惧的。

从16世纪有风暴潮记载以来，每次风暴潮的出现都给天津沿海地区造成巨大的损失。仅1992年9月1日的风暴潮就造成4亿元的经济损失，居各种自然灾害的首位。这场风暴潮使塘沽地区最高潮位达5.83米，超过警戒潮位0.93米（警戒潮位标准是4.90米），塘沽、大港、汉沽三区决口13处，港口、油田、水产养殖区、街道等部分地区都泡在海水中。1997年8月19日至20日，受11号台风和冷空气的影响，天津市再次遭到风暴潮袭击，塘沽地区最高潮位达5.46米，并伴有11级的阵风，塘沽、大港、汉沽三区有4处在潮水的冲击下决口，造成直接经济损失1.24亿元。2003年，天津市遭受两次风暴潮袭击，10月11日受冷空气和暖湿气流的共同影响，塘沽地区最高潮位达到5.33米。11月25日受冷空气和6级东北风的共同影响，塘沽地区最高潮位达到5.25米，塘沽、大港、汉沽三区决口3处，经济损失达到1.11亿元。

近几年来，随着滨海新区经济社会的快速发展及其在天津市国民经济中的重要作用，风暴潮灾害造成的经济损失越来越大。

▲海岛风光

频率极高的海南风暴潮

　　海南岛位于南海西北部，北临琼州海峡，东南濒南海，西临北部湾，从地理位置上看，是一个相对独立的单元。在长达1618千米的海岸线上，港口滩涂和水深20米以内的浅海总面积达到5568平方千米。这样一个几乎孤立于海中的地方，也是台风光临较多的区域。平均每年由台风引发的大于或等于30厘米的风暴增水有3.8场，大于或等于100厘米的风暴增水1场，而一般风暴潮在增水30厘米以上又与天文高潮位遭遇时就可以酿成风暴潮灾害。

　　海南岛沿岸发生风暴潮的频率极高，平均每年发生风暴潮3~4场，其中特大风暴潮每两年就有1次，由此可见做好防范工作势在必行。海南岛沿岸每年的6月至12月均有可能发生风暴潮，且多集中在每年的7月至10月份，尤以10月最多。热带气旋对海南岛的影响程度，形成了海南岛的最大平均风力划分，7~9级的最多，其次是12级的，10~11级的最少，三者分别占46%、30%和24%。在各月分布中，1月至4月和12月影响强度都不大。最强的是7月至10月，尤其是10月份，影响海南的热带气旋中有40%风力达12级。

海南岛沿岸风暴潮的发生规律主要受海南地形的影响。海南岛四周低平，中间高耸，呈现一种草帽式的形态，中间以五指山、鹦哥岭为隆起核心，向外围海拔逐级下降。山地、丘陵、台地、平原构成环形层状地貌，梯级结构明显。滨海低洼区域主要集中在河口海岸地区，河口海岸受波浪作用明显，常形成海岸沙坝，形成沙坝后低洼的咸淡水交汇区域在风暴潮和江河洪水共同作用下，易形成内涝。在这样的地形限制下，高水位驱使海水侵入陆地时，其分布很不均匀，大致特征为：北部增水最强，东部次之，南部再次之，西部最弱。

海南岛沿岸风暴潮的分布特征除了与地形相关，还与影响它的热带气旋有关，造成海南岛风暴潮的多是进入南海的西北太平洋热带气旋，或是由南海生成的热带气旋移向海南岛所致。由于热带气旋路径及其影响强度的多变性，海南岛东、南、西、北沿岸风暴潮的分布和特征也不同。海南岛东部沿岸是热带气旋影响最多、最强的地区，通过对东部沿岸清澜海洋站实际观测可知，这里的风暴潮发生次数和强度与海南岛其他地方差不多，但不如其他地方严重，这是由于本岸段热带气旋风场不利于增水。以南部地区的三亚站为例，此地发生风暴潮的强度和次数与海南岛其他地方差不多，但成灾很少，因为热带气旋风场结构不利于本岸段的风暴增水，但此地热带气旋带来的暴雨极易形成洪水，潮水和洪水共同作用下容易造成风暴潮。西部沿岸以东方站实测资料为例，海南岛西部沿岸风暴潮出现的次数最少，强度也较弱，严重风暴潮没有实际测到过。这是由于热带气旋在海南岛东部登陆后移到西部沿岸时强度已减弱，风场结构也不利于西部沿岸增水。但是，本岸段面对北部湾，风浪较大，当有热带气旋袭击时，风暴潮结合风浪，会造成海水涌上码头，冲塌堤岸。北部沿岸以海口的秀英站实测增水资料为例，1853年以来，这里共发生风暴潮136次，年均3.2次，其中严重或特大风暴潮约每两年有1次，这是由于海南岛北部位于琼州海峡南岸，一般影响本地的热带气旋带来的东北和西北大风极易造成海水堆积，是风暴潮的重发、多发区。

海南岛有实测风暴潮记录是从1953年开始的。其中6311、7220、8007、9111、0518号台风造成的风暴潮灾害损失惨重。6311号台风于1963年9月7日登陆文昌，登陆时台风中心最大风速40米/秒，最低气压965百帕，7日23时，秀英站实测最大增水176厘米，相应最高潮位2.6米，超警戒水位1.15米。全岛死亡人数达13人，共有661个村镇被海水淹没，海口市内水深达到1米，临高县城内水深更达到2米，在风暴中多艘渔船被打沉，部分农田受海水浸淹。马路被海水淹没成了名副其实的"河道"。

7220号台风于1972年11月8日在琼海至文昌一带登陆，登陆时台风中心最大风速40米/秒，最低气压945百帕，在登陆时，刚好遇上农历十月初三天文大潮期，使风暴潮加剧，海口站8日16时实测最大增水225厘米，最高潮位1.57米，清澜站后来调查增水也在2米以上，潮位2.69米，超警戒水位1.19米，天文大潮和风暴潮一起引起的严重潮灾损坏了90%以上的房屋，无数粮仓倒塌，渔船被海水打沉。

8007号台风于1980年7月22日登陆广东徐闻，登陆时台风中心最大风速40米/秒，最低气压965百帕，虽然在广东登陆，但对海南岛影响巨大。台风致使秀英站22日下午5时实测最大增水241厘米，最高潮位2.56米，清澜站最大增水130厘米。由于这次风暴潮来势迅猛，当地的人员和物资撤退转移不及时，导致船只损坏，堤坝冲毁，农田被淹，直接经济损失1.4亿元，全省死亡21

人，重伤118人。

9111号台风于1991年8月16日在登陆广东徐闻后转向南登陆海南临高，登陆时中心风速达45米/秒，16日8点58分秀英站实测最大风暴增水190厘米，最高潮位2.17米，超警戒水位0.62米，海口市7条街道被淹，水深0.7～1.1米，万宁港以北地区潮水暴涨，造成较大灾害，全省死亡14人，直接经济损失5.94亿元。

2005年9月26日凌晨4时，台风"达维"在海南省万宁市北部沿海地区登陆，登陆时中心风速超过55米/秒，引发的风暴潮是海南省近32年来最严重的一次。受风暴潮影响，秀英站最大增水126厘米，最高潮位245厘米，

▼海边风景

超过当地警戒潮位52厘米，清澜站最大增水152厘米，最高潮位274厘米，超过当地警戒潮位75.5厘米。这次风暴潮灾造成部分村庄、街道被淹没，其中，海口、文昌、琼海、万宁等市县为此次风暴潮的重灾区。粤海铁路客运全线停运，琼州海峡全线封航，全省死亡25人，倒塌房屋3.21万间，直接经济损失达116亿多元。

随着海南海洋经济的迅速发展，风暴潮灾害造成的经济损失在增加，近年来，包括海南在内的我国沿海海滨，人口密度及城市产值剧增，沿海的基础设施也大量增加，风暴潮灾害造成的损失也随之呈急剧增长的趋势。如今，风暴潮灾害已经成为沿海对外开放和社会经济发展的一大制约因素。

肆虐全球的风暴潮

　　由于全球热带气旋（包括台风、飓风和热带气旋或气旋性风暴）活动的影响，不仅我国沿海地区面临风暴潮灾害的影响，全球其他国家和地区也面临同样的境遇，亚洲的一些国家，比如日本、菲律宾、孟加拉国、印度以及美洲的加勒比海沿海国家和美国等国也经常遭受热带气旋及其带来的狂风暴雨和风暴潮的袭击。受全球气候变暖趋势的影响，全球风暴潮灾害也将可能呈现某种程度的上升态势。我们来看一下曾经横扫全球的风暴潮给人类带来了怎样的灾难。

被风暴潮侵害的美国

▲路易斯安那沿海

　　不仅我国经常受到风暴潮的侵害，美国也是一个频繁遭受风暴潮袭击的国家，并且和我国一样，既有台风引起的风暴潮，又有温带气旋引起的风暴潮。1969年，登陆美国墨西哥湾沿岸的"卡米尔"飓风引起的风暴潮，是迄今为止世界第一位的风暴潮记录。

　　要了解美国历史上的风暴潮灾害情况，要从了解美国地理位置和海岸状况开始。美国本土位于北美洲南部，东临大西洋，西濒太平洋，北接加拿大，南靠墨西哥及墨西哥湾。美国河流湖泊众多，水系比较复杂，整个国境内主要为平原，由大西洋沿岸平原和墨西哥湾沿岸平原两部分组成。这一地带海拔在200米以下，多数由河流冲积而成，其中密西西比河三角洲，是世界上最大的三角洲，而河口附近的沼泽地佛罗里达半岛是美国最大的半岛。在这片多水而又地势平坦的土地上，东南沿海的墨西哥湾和密西西比河这两处河口流域都因地形和气候的原因成为美国历史上风暴潮频发的地区。从1559年9月19日第一次记录到的墨西哥湾热带风暴开始，至今已有166次以上的飓风袭击或威胁着路易斯安那沿海一带，包括密西西比河河口三角洲在内。

墨西哥湾呈扁圆形，因濒临墨西哥而得名。海湾沿岸多沼泽、浅滩和红树林。北岸有著名的密西西比河流入，并把大量泥沙带进海湾，形成了巨大的河口三角洲。墨西哥湾的东南部有像大河一样的海流流过，是北大西洋湾流的主要来源，也是使海洋的水流经海湾的主要洋流，海湾水的另一来源是通过犹加敦海峡流入的加勒比海的水。而流入墨西哥湾各河流的陆地流域总面积也约为海湾面积的两倍。

墨西哥湾的潮汐，是每天一涨一落的全日潮，潮差一般很小，它恒温的海水表层的厚度也因季节以及当地环境、地点的不同而有差异，在1～150米之间不等，高潮期和低潮期间的潮差很小。只有在台风频繁发生的季节，受到台风的驱赶，潮水涌向岸边，引起海水陡升，形成风暴潮，水位有时高达5米，这样一来沿岸洼地因为地势偏低，必然会对其造成一定的威胁，特别是在墨西哥湾北岸地区，受到风暴潮袭击的次数较多。由于墨西哥湾位于热带和亚热带，高温多雨，降水量大，每年灾难性的飓风都必然经过这里。飓风季从6月1日开始，一直延续到11月30日。在飓风季节，气象条件和海洋环境都有助于在墨西哥湾的任何地方生成飓风。尤其是北大西洋生成的飓风会穿过墨西哥湾，并且往往在此得到加强。而墨西哥湾中部地形是纵贯南北的中央大平原，东侧被山地、半岛环抱，所以中部有利于气流深入，对风暴潮的侵入更加有利。这一地区发生的破坏性特别巨大的飓风有1900年侵袭德克萨斯州加尔维斯敦的飓风和2005年侵袭纽奥良及其附近的飓风。

同样受风暴潮频频侵袭的还有密西西比河河口地区,密西西比河是美国第一大河,是联系美国内地与东北部的通道。它与南美洲的亚马孙河、非洲的尼罗河和中国的长江一起并称为世界四大长河。密西西比河发源于美国北部落基山脉的密苏里河支流红石溪,密苏里河水系庞大,支流繁多。密西西比河两岸地势低矮,湖泊密布,尽管发源于密苏里河落基山脉高地,但流域内大部分地区地势平坦,起伏微小。东部支流俄亥俄河大部分处于中央低地,海拔在150米以下,河面宽阔,下游河道迂曲,水势平稳,这种地势低平的状况,非常利于海潮的入侵。

密西西比河海潮的形成原因与降水有一定的关系,其主要由短期暴雨或长期降雨形成,再加上来自西北部流域多条河流的融雪洪水,特别是春季融雪洪水水量偏大,加上初春大雨,水位抬高,因此极易发生风暴潮。其洪水暴发的时间主要在两个月份。一个是3月,由平原区积雪融化并加上少量降雨造成;一个是6月,由源流高山融雪伴随大雨引起。一般6月份的降雨大于前者。而发生在墨西哥湾、加勒比海、大西洋的飓风还时常掠过密西西比河下游广大地区,甚至深入到俄亥俄流域上游。密西西比河一百多年来,曾发生重大风暴潮37次,平均三年就有1次。

在世界范围内,登陆时风力最强的"卡米尔"飓风就是从密西西比河口区域袭击大陆的。1969年8月17日,这一看似平凡的日子,"卡米尔"飓风肆无忌惮地从密西西比和路易斯安那地区登陆,在飓风中心宽约113千米的地带最大风力已经达到265千米/时。在其登陆前的一个小时,飞行探测器甚至无法得到"卡米尔"的准确数据。

"卡米尔"掠过路易斯安那州的东南尖端，袭击了密西西比州地区，登陆后仍然维持飓风强度长达10个小时，直至其深入内陆241千米，在弗吉尼亚州引发了强降水，飓风横扫而过的海湾沿岸地区，掀起高达7.5米的巨浪，19 467户人家和709家小公司或完全被毁，或遭受严重破坏。帕斯克里斯琴镇几乎被夷为平地。美国墨西哥湾沿岸的一切几乎被扫平，259人丧生，直接经济损失达7.8亿美元。

▲密西西比州风光

除了"卡米尔"，美国历史上曾发生过几次骇人听闻的飓风，一次是在1935年，五级飓风袭击佛罗里达群岛，造成600人死亡。一次是在1992年，飓风"安德鲁"袭击了美国东南部的佛罗里达州，造成43人死亡，经济损失达31亿美元。2005年，飓风"卡特里娜"再次扑向美国路易斯安那州和密西西比州沿海，飓风风速达到每小时282千米，使登陆点海平面上升7.5米，1069人遇难。飓风"丽塔"是个多么温柔的名字，而它并没有像它名字所表现出来的那样温柔。2005年9月24日，"丽塔"从美国德克萨斯州和路易斯安那州交界地区海岸登陆，登陆时"丽塔"飓风的强度为3级，最高风速达到每小时195千米，降雨达到63.5厘米，浪高达6米。

洪水泛滥的孟加拉国

▲孟加拉湾俯瞰

孟加拉湾是印度洋北部海湾，它西临印度半岛，东临中南半岛，北临缅甸和孟加拉国，南在斯里兰卡至苏门答腊岛一线与印度洋相交，经马六甲海峡与暹罗湾和中国南海相连。而这样一个地区，几乎每年都要遭受来自风暴潮的袭击，尤其是孟加拉国，几乎每年都无一避免地被风暴潮洗刷。

孟加拉湾之所以发生热带风暴，当然有其天然的原因，如果将孟加拉湾比作一个人的话，它发生热带风暴就如同一个人患有先天性的心脏病一样。因为南印度洋和孟加拉湾是热带旋风孕育的地方，而热带风暴也就是热带旋风的衍生品。加之孟加拉湾漏斗形的地形，风暴潮到达这里之后，很难分散，便会聚集在河口附近，这里地势低平，河网密集，恒河、布拉马普特拉河、伊洛瓦底江、萨尔温江、克里希纳河等都汇入孟加拉湾。这些水系汇集了大量的水，加之这一地区降水丰富，导致排水不畅。而孟加拉等国经济实力较弱，无力营建高强度的海防工程，孟加拉湾沿岸植被也被破坏得较为严重，森林蓄水防洪的能力很弱。当海上形成的强大气旋登陆时，形成了由强风、暴雨和风暴潮组成的强大破坏力，在如此强大的灾难下，孟加拉湾沿岸和周围岛屿的居民往往遭受厄运。

每年的4月至5月和10月至11月，正好是孟加拉国季风的转换期，这一时期热带风暴活动频繁，孟加拉国因此也常遭受狂风暴雨的袭击。而每年6月至9月，也是降水集中的时期，全国80%的降水量都集中在这几个月。当季风雨季来临时，倾盆大雨时常从天而降，凶猛的河水混合着来自喜马拉雅山的大量融雪滔滔而下，造成孟加拉湾的河水迅速上涨，潮汐水位不断升高。

当西南季风逐渐消退时，地面、地下和空中都还积存着大量的水分，此时是孟加拉湾热带风暴孕育和发生最频繁的季节。当热带风暴突然来袭时，强风将会成为它的前锋，提前来临，随之而来的是猛烈的暴雨，最后紧跟而来的是风暴潮。三个灾害不断地洗劫这个不幸的地区，使得孟加拉国南部沿海地区，成了世界上遭受热带风暴、洪水、暴雨灾害袭击最为严重的地方。

据资料记载，1991年4月29日的早上，一场巨大的灾难移向孟加拉国。天空中呈现出鲜明的橘红色，随后逐渐变成古铜色，接着在地平线上出现了深灰色的地带。成群的海鸟从孟加拉湾飞到陆地，还不时地发出尖锐的叫声。当天傍晚时分，天空中再次出现日出时的景象。此时的孟加拉湾沿海地区被黑暗笼罩，天空突然乌云密布，随后电闪雷鸣，狂风怒吼，惊醒了孟加拉湾沿海村镇的居民。顷刻之间，一股强烈的孟加拉湾风暴突然以66.7米/秒的速度，掀起了高达6～9米的滔天骇浪，瞬时间席卷了整个孟加拉湾沿海地区及其附近所有的岛屿。

这时海水如同野兽般凶猛，平日看似十分坚固的防波堤也被凶悍的大浪瞬间冲毁，沿海岛屿上的居民不仅失去了栖身之所，更恐怖的是他们自身也在倾刻间被大浪席卷得无影无踪，想要搜救也变得相当困难。

风暴经过之处，房屋倒塌，树木尽折，惨不忍睹，船只也都被击沉，停泊在港内的轮船被掀到了岸上，最终造成孟加拉国1/4地区的铁路、公路、桥梁、机场、码头、发电厂、水厂、输变电站设施均告瘫痪，给整个国家的经济造成了巨大的损失和威胁，沿海及岛屿内的2500多个村镇、80多万套房屋被狂风和海啸夷为平地，17 402平方米农作物全部被毁，16个县沦为灾区。据相关部门统计，此次风暴潮的受灾人数达到1000万人，死亡人数高达14.3万，另有10万人受伤，18万头牲畜丧生，直接经济损失达30亿美元。

每次灾难过后，经济都需要长时间的恢复。侥幸逃生的灾民陷入了灾后恶劣的环境中，他们不仅要承受心理上失去亲人与朋友的伤痛，更严重的是灾难并未真正的过去，他们的健康也受到了威胁。人畜大量的死亡，造成尸体在洪水中腐烂变质，不时地散发着臭气，环境中到处是尸体腐烂的恶臭；此时气温上升，传染性疾病也开始泛滥成灾，比如霍乱、痢疾、腹泻、呼吸道疾病等大面积流行；还有700万人得不到干净的食品和纯净的水，一时间哄抢和殴打事件接连不断，饥饿与干渴使不少人丧失理智，很多人不得不饮用一些不洁之水，但是饮用之后不到一天就会出现上吐下泻的现象。此次风暴潮对孟加拉国可谓致命一击，同时，对受灾的人们的生命也构成了很大的威胁。

吉大港是孟加拉国最大的港口城市，早在1876年10月发生的热带风暴，就毁坏了吉大港这座城市，巨大的海浪把海水灌到了远离海岸10千米的地方，使10万人死于这场灾难之中。生活在这里的人们，对于曾遭受过的热带风暴的侵袭画面，至今依然历历在目。特别是1970年那一场震惊世界的热带气旋风暴潮。

1970年11月12日，来自印度洋上的热带风暴，毫不客气地袭击了孟加拉国，而这次热带风暴由于恰好遇到了天文大潮，力量可谓更加强大，此时最大增水已经超过6米，海水直扑孟加拉湾一带的喇叭状海岸地低人稠的海滨地带，紧接着出现的狂风、暴雨、海啸共同肆虐和威胁海滨地区，吉大港再次遭到灭顶之灾，哈提亚岛屿被淹没，变成了水乡泽国。这次风暴，造成了30万人丧生，100万人流离失所，就连牲畜死亡数也达到28万头。在潮退之后，尸体遍地，可谓惨不忍睹。这次风暴潮造成的灾难震惊了全世界，同时，也引起了全世界人们的关注，它是目前世界上发生的最严重的一次风暴潮灾害。

2007年11月15日，孟加拉国又遭受了和1991年强度一样的台风袭击，一个名为"锡德"的强热带风暴在孟加拉国南部和西部地区登陆，最高时速达240千米。全国64个县中有1/3遭风暴袭击，共有84万多户家庭约275万人受灾，约97万座房屋和2000多平方千米庄稼遭到不同程度的损坏，24万多头牲畜在风暴中死亡，1万人在风暴潮中丧失了生命。数百万人流离失所，在饥饿中度日。

近年来，风暴潮还不断地在孟加拉国肆虐，而孟加拉国政府和人民也一直在与风暴潮灾害进行着不懈的斗争，来自不同国家的人们也在热心地援助孟加拉国，但是由于地理、气象及历史方面的原因，孟加拉国人民与自然灾害抗争的任务还相当艰巨，并不是一时之间就能够解决的。今后很长一段时间，风暴潮灾害仍然是该国主要承受的灾害之一，需要当地政府和国际社会的不断援助。

遭风暴潮洗劫的荷兰

▲荷兰风暴潮屏障

　　荷兰西北濒临北海，海岸线长1075千米，"荷兰"在日耳曼语中被称作尼德兰，意思是"低地之国"，这样一个国家，极易受风暴潮灾的影响。

　　荷兰除了临海，地势也是造成风暴潮多发的关键因素。荷兰境内地势低平，在4万多平方千米的国土中，1/4的土地海拔不到1米，甚至约有27%的土地低于海平面，在风暴潮来袭的时候，这些地方无疑会被巨浪所吞没。在那里，东南部海拔100～200米的地方就算"高原"了。生活在这样的国土环境里，如果没有海堤和河堤的保护，人们的人身财产安全将随时都可能面临着威胁。

根据史料记载，在荷兰历史上，荷兰人民就时常受到北海的威胁，海水内侵使千里沃野变成泽国。例如在1282年，海水突破海堤，北海与伏列沃湖连成一片，当时形成了须德海。据相关资料统计，自13世纪至今，荷兰的国土已经被北海侵吞了5600多平方千米，荷兰人民的生存之地不断缩小。但是，荷兰人民并未就此屈服，他们在坚持不懈地与海水作斗争，尽最大的努力来控制北海对陆地的侵吞。

　　为了生存和发展，荷兰人竭力保护着原本就面积不大的国土，避免在海水涨潮时遭遇"灭顶之灾"。镌刻在荷兰国徽上的"坚持不懈"字样，正好刻画了荷兰的民族性格。早在13世纪，他们就筑堤坝拦海水，再用风动水车抽干围堰内的水。几百年来荷兰不断地修筑拦海堤坝，现在,沿海有1800多千米长的海坝和岸堤，增加土地面积6000多平方千米。如今荷兰国土的18%是人工填海造出来的。每一场发生在荷兰的水灾，都是对荷兰人民创造力的一次考验，让人们将科技的力量发挥到极限。

　　在荷兰人努力与水抗争，捍卫自己土地的同时，海平面却渐渐上升了。于是，荷兰人采取了极端的应对措施——修建巨型屏障，把海挡住。这个巨型屏障由海堤、围堤、拦河坝和挡潮闸等组成，总长度达到了30千米。荷兰人在大坝完工后的36年里，填海造田竟然达到了惊人的1600平方千米。但是这样的屏障能阻挡海水多长时间呢？证据显示，这一系列宏伟的屏障或许还不足以拯救荷兰。

1953年1月底，一次最大的温带气旋袭击荷兰，这次温带旋风给当地造成的损失也是不可小视的。它使水位高出正常潮位3米多，如果是在其他地势比较高的国家，高出3米多的潮位可能也不算什么，但是对于荷兰来讲，3米多无疑是一个可怕的数字。洪水冲毁了防护堤，海水内侵60多千米，20多万头牲畜被大浪淹死，有1835人遇难，其中有一部分人并非是被巨浪冲走，而是因为被洪水困在家中，或是在冰冷的洪水中溺死。7.2万人被疏散，60多万人流离失所无家可归，经济损失2.5亿美元。这次强风暴潮还侵袭了英国，使300多人丧生，北海沿岸的一些西欧国家也不同程度地受灾。看来风暴潮灾的威胁仍然无时不在，风暴潮依然不愿意放过这个有着坚强意志的国家。

始料未及的缅甸巨灾

缅甸位于风暴潮多发的孟加拉湾，然而，似乎是上天的眷顾，缅甸依靠其西部海拔两千多米的若开山脉长久地保护着自己，一段时间来，缅甸都平安无事。

然而就在2008年4月，孟加拉湾正处于季风转换季，4月27日，印度气象局注意到孟加拉湾西部海域的一个云团系统，数小时后增强为热带低压，它一面向西北偏西方向移动，一面迅速加强。在4月28日早上，它摇身一变升级为热带风暴，成为北印度洋气旋季节内的第一个热带气旋，因此备受人们的关注，并将其命名为"纳尔吉斯"。

"纳尔吉斯"的意思原指乌尔都语中的"水仙花"，然而这朵带刺的水仙花却给缅甸人民带来了噩梦般的记忆。

2008年4月28日，"纳尔吉斯"又升级为强热带风暴，次日，"纳尔吉斯"的最高持续风速达到每小时160千米，由此也就升级为台风，在台风中心附近的最大风力达到了12级。4月30日，"纳尔吉斯"继续向东北移动。5月1日，"纳尔吉斯"移动方向由东北转为正东，并开始显著加速，以每小时15千米的速度向缅甸中部沿海靠近。在5月2日，"纳尔吉斯"并没有减弱，而是再次加速，它像是一只发了疯的猛兽，以每小时20千米的速度逼近缅甸地区，并在登陆前急剧增强至巅峰状态，最终以超强台风登陆缅甸南部的海基岛，登陆时速已经达到192千米/小时，中心风力达16级，这惊人的数字让人感觉到恐怖的气息，伴随而来的自然还有风暴潮高达3.5米的巨浪。顷刻之间海水倒灌，3万平方千米的整个三角洲几乎被海水完全淹没。在强风、海潮、暴雨的三重打击之下，"纳尔吉斯"让数万缅甸人根本无处逃生。灾难过后，地上积水严重，尸横遍野。

在"纳尔吉斯"风暴潮过后，缅甸全国沉浸在悲痛中，缅甸政府宣布从5月20日上午9点开始，持续3天哀悼，并下半旗悼念死去的遇难者。根据政府的官方统计，这次风暴潮共造成77 738人死亡，55 917人失踪，还有250万灾民处境十分艰难，无家可归，而全部受灾人数估计约达2400万，约占缅甸总人口的一半。缅甸的一些主要渔业港口和码头也集中在这一地区。在"纳尔吉斯"风暴的破坏之下，大量渔船在港口沉没，基础设施如登岸设施和鱼类贮藏保鲜设施等也遭到严重破坏。

"纳尔吉斯"不寻常的移动路径和缅甸特殊的地理地貌，是加剧风暴潮灾害影响的主要原因。"纳尔吉斯"之所以给缅甸带来这么严重的影响，是有一定的特殊原因的。世界各主要气象预报部门从"纳尔吉斯"向印度靠近时便开始监测其移动路径。然而，它一改常态，并没有进入孟加拉国或缅甸西北部山区，而是像猛兽般突袭了缅甸中部地势低平的伊洛瓦底江三角洲，地势低平的三角洲地区自然无法抵挡如此强烈的风暴潮天气。而缅甸的国土面积约68万平方千米，其中大部分国土是河流冲积而成，多平原地形，河流和水道密布，船只是该区域和周边地区的主要交通运输工具。一方面风暴带来的大量雨水很容易形成洪涝天气，另一方面地势落差较小又使洪水难以很快涌出，出现严重内涝。此时，具有较大能量的强风和风暴潮容易深入内地，进一步扩大影响范围，使风暴潮灾害愈演愈烈。

除上述自然因素以外，也有来自人类自身的原因。缅甸不是一个经常会遇到大的风暴潮袭击的国家，由于长期未遭遇风暴潮袭击，所以对台风掉以轻心、毫无防灾意识。更为关键的原因是在缅甸地势低平的沿海地区，就连最简单的堤防设施都没有修筑，也没有做过风险区划或者预测，更没有行之有效的应急预案和措施。甚至在明知台风将至的情况下，沿海居民也没有撤离躲避的意识，人们对台风的认识还停留在表面，根本没有意识到它的严重性。

此次"纳尔吉斯"风暴潮灾害，使得原本作为缅甸水稻主产区的伊洛瓦底江三角洲变成了盐碱地，粮食成为缅甸急需解决的重要问题，在一定程度上也加剧了全球食品的短缺。

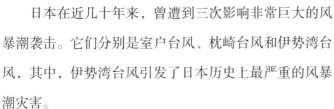

▲伊势湾

日本的三次风暴潮灾害

　　日本在近几十年来，曾遭到三次影响非常巨大的风暴潮袭击。它们分别是室户台风、枕崎台风和伊势湾台风，其中，伊势湾台风引发了日本历史上最严重的风暴潮灾害。

　　室户台风在1934年9月21日登陆日本，它的登陆地点是日本高知县室户岬。该台风并非登陆了一次，它进行了"两连跳"，第一次登陆后又在大阪、神户之间再次登陆。该台风在室户岬登陆时中心气压创下在日本本土台风登陆时最低气压的纪录。第二次登陆时中心时速为60米/秒，创下了最大瞬间风速的纪录。台风还导致了沿海4米的高潮，给日本西部带来了严重的风暴潮灾，2702人在风暴潮中死亡，334人失踪，另有14 994人受伤。

枕崎台风登陆那天，是1945年9月17日。当天下午14时，枕崎台风在鹿儿岛县枕崎市附近登陆，随后纵贯整个日本。枕崎台风登陆时中心气压为916.3帕斯卡，虽然此次台风没有以往的猛烈，但是由于当时日本防灾体制并不健全，对台风的预警与防范措施并没有做到位，枕崎台风在沿海各地造成了很大灾害，死亡人数达到2473人，其中1283人失踪，另有2452人受伤。

第三个影响较大的台风是伊势湾台风。1959年，日本历史上最严重的风暴潮灾害在日本伊势湾顶的名古屋发生了。伊势湾是日本中部的一个海湾，也是日本水域面积最大的海湾，而濒临伊势湾的名古屋是日本继东京、横滨和大阪之后排在第四位的城市。

9月26日，伊势湾台风形成，最大风速37米／秒，它形成于北纬25°以北，在短短的48小时内由热带低气压发展为强烈台风，其发展之迅速及"V"字形的路径，均属少见。由于它对伊势湾造成了严重破坏，所以日本气象厅将它命名为伊势湾台风。

伊势湾台风袭击后的名古屋，碎石遍地，满目泥浆，1/3的地区泡在水中，街面上横七竖八地躺着尸体。这一地区的所有农作物均受到破坏，造成粮食短缺。当地的海塘被毁、道路和铁路受损、河水泛滥、近3000艘船只沉没。60余万户民房被摧毁，150平方千米被损毁，5238人死亡，7万多人受伤，直接经济损失达10亿美元。伊势湾台风过后，痢疾、坏疽、破伤风及其他传染病在名古屋市南部爆发。

日本科学家经过研究表示，如果全球气候变暖的趋势不可遏制，那么，日本在以后的日子里遭受强度越来越大的"超强台风"的侵袭也将变得很寻常。超级电脑模拟结果显示，预计到2074年，日本将会出现更多风力达到每小时288千米的台风，这些台风对日本来讲无疑是很严重的灾害。

▲加勒比海岛

风暴潮肆虐的中美洲

　　风暴潮一直都威胁着中美洲地区，这跟它的地形与气候有着直接的关系。以1998年10月的"米奇"飓风为例，它在西加勒比海生成，其后在极佳的大气环境下移动，强度迅速增强至飓风的最高等级——5级飓风。"米奇"飓风转向西南移动后开始减弱，以飓风的下限强度袭击了洪都拉斯地区，随后又经过中美洲，它将登陆地点"设置"在坎佩切湾附近，登陆之后，"米奇"开始肆虐墨西哥湾东南部，袭击了佛罗里达。

　　"米奇"飓风袭击洪都拉斯之前，就已经表现出了它的强悍，它曾为沿岸地区带来高达6.7米的海浪，惊涛骇浪对沿岸地区无疑是一种冲击。当"米奇"登陆时，强度虽然稍有减弱，但仍引起较强的风暴潮和3.7米高的海浪。因为"米奇"的威胁，洪都拉斯政府撤离了海湾群岛45 000居民中的一部分，并动员了全部陆军、空军和海军的力量防灾。政府发出了红色警报，要求岛屿的居民撤离至内陆。危地马拉也随即发出了红色警报，建议船只留在港口，不要出港，并呼吁居民预备或寻找避难之处，做好防范措施。

这些防范措施并没有让"米奇"变得"温柔"，移动缓慢的"米奇"仍然为中美洲带来近900毫米的降水，导致约11 000人死亡，近11 000人失踪。其引发的风暴潮和泥石流是绝大多数人员伤亡的主因。由于洪水和泥石流异常严重，以致洪都拉斯和尼加拉瓜都被迫修改了国家地图。

1998年9月3日，又一个强度为5级的飓风"费利克斯"在危地马拉登陆，它以每小时260千米的风速快速强袭大西洋沿岸的米斯基托群岛，这次风暴不仅侵袭了洪都拉斯，并与加勒比海岛擦肩而过。在它经过的地方，大多数房屋被摧毁，各种杂物在空中飞舞，电力中断，铁皮屋顶在空中像剃刀一样飞舞，击打着树木和房屋。在洪都拉斯度假地罗阿坦岛，加勒比海沿岸数万居民和游客纷纷疏散，以躲避飓风"费利克斯"的袭击。因为防范措施做得比较到位，才没有导致过多的人员伤亡，但是这场灾难将尼加拉瓜贫困的海岸社区夷为平地。

放眼世界，近几十年来，世界众多濒海国家都曾经发生过严重的风暴潮灾害，曾经是活生生的生命，转眼就被大海吞噬，深重的灾难警醒着人类，怎样与自然界保持和谐成为越来越多人思考的问题。

风暴潮的预警和防御

　　风暴潮灾害居海洋灾害之首位，世界上绝大多数因强风暴引起的特大海岸灾害都是由风暴潮造成的。根据风暴潮灾害频繁的特点，我们应该做好风暴潮的预警和防御工作，增强风暴潮灾害实时监测预报预警、分析决策、应急反应和科学管理等防汛能力。风暴潮防御是一项常备不懈的工作，需要持之以恒的努力。

风暴潮预报的种类

▲台风预警信号

　　几千年来，多少灾害都被人类所战胜，人类预报灾难发生的能力在日渐提高。想准确地预报风暴潮，要对它的一些数值进行分析，如气旋的中心气压情况、浪高数值、风暴潮周期等。

　　风暴潮预报的种类，按照其发布的时间可划分为消息、预报、警报三种，通过它的发布时间来进行区分。

　　风暴潮消息的发布时间比较有规律，一般在该次风暴潮影响沿岸最猛烈阶段前的24~36小时发布，主要目的是想要告诉沿海某一海岸在未来24小时内将受到风暴潮的影响，同时发布的是该次风暴潮将影响的范围和量值。风暴潮预报一般在12~24小时内发布，预报主要修正前面发布的消息的内容，给出更精确的量值和各种可能的发展变化情况。风暴潮警报的时间范围一般在6～12小时之内，并且预测的内容也相对比较精准，一般包括具体时间地点的潮位高度值。

这三种类型的发布各有其规定。风暴潮消息、预报这两种预报是每当有台风或其他灾害性天气系统影响近海时，在预测中不论近岸产生的风暴潮是否会造成经济与人身的危害，预测时均会编制和发布，以便防汛部门根据预报合理安排人力和物力，做好防范措施。风暴潮警报相对来说是在情况紧急的时候才发布，通常是预计潮位接近或超过当地警戒水位并可能受灾时才发布。

风暴潮的预报具体由哪些部门做呢？受风暴潮影响比较严重的国家相继成立了自己的预报机构，较早的是成立于1913年的荷兰风暴潮警报机构，随后英国于1953年成立了风暴潮警报局，美国是世界上遭受风暴潮偏多的国家，自1936年以来，美国国会曾三次通过有关法案，规定有关部门开展风暴潮的研究与预报，并由美国国家飓风中心发布预报，沿海各州的气象机构也进行邻近海域的风暴潮预报工作，其中以夏威夷和阿拉斯加两个州的预报海域范围最广。在我国负责发布沿海风暴潮预报的机构并不是单一的一个，而是形成了一个系统，它是中国海洋局、水利部、交通部和海军的一些台、站。本省、市、区县范围的风暴潮预报发布往往是由水利部所属的一些沿海省、市水位总站，地区水文分站和部分潮位站负责。各舰队所管辖的军港风暴潮预报由海军航海保证部所属的三个舰队气象台负责。有的海洋站还发布本站单站风暴潮预报，比如交通部上海航道局因航海运输等任务的需要发布长江口地区的风暴潮预报。

准确地预报风暴潮并不是件容易的事情。因为风暴潮本身是一种复杂的自然现象，它的预报受诸多因素的影响，技术难度较高。主要难点首先在于气象预报的误差，气象预报本身又受到很多复杂因素的影响，尤其是灾害性天气，比如台风、温带气旋、冷空气等，所以准确度不高，并且常规气象的预报精度很难达到准确预报风暴潮的要求。例如，据统计24小时台风登陆点的预报精度为120千米，这样的预报精度对风暴潮而言是非常不够的，因为台风登陆点的右半圆风暴潮为增水，左半圆为减水，若登陆点报错，则风暴潮预报就完全错误。此外台风的强度、速度对风暴潮的影响也很大。换句话说，风暴潮预报准确度的提高与气象预报水平的改进是一致的，尽管模式可以预报12小时、24小时、36小时，甚至更长，但气象模式给出的风场、气压场预报仍然远远不能满足风暴潮预报的需求。

其次，风暴潮因受各种因素的影响，很多因素难以精确到用数字来表达，因此不易给出便于计算的准确的数学表达式，只能近似地计算，以求达到相近的程度。

再者，目前天文潮的预报也有某些误差，灾害性高潮位的出现有时是天文潮和风暴潮一起作用的结果，这就更加重了风暴高潮位的预报难度，因此提高风暴潮的预报精度是比较困难的。

根据预报中心多年的统计，台风风暴潮的平均预报时效为12.4小时，最长可达30小时，高潮位平均预报误差为25.6厘米，高潮时平均预报误差为19.8分钟。温带风暴潮的平均预报时效为6小时，长的可达12小时。

随着国家对海洋灾害的日益重视，风暴潮的监测手段在不断提高，预报技术也在不断完善，风暴潮预报时效和精度将会有长足的进步。

风
暴
潮
的
预
警

▲警戒潮位

　　早期的风暴潮预报主要依赖经验，20世纪80年代后期，开始采用经验统计相关预报与数值预报两种方法同时，对外发布风暴潮预警，但仍以经验预报为主。随着现代计算机的普及，现在世界各国正在逐步采用数值预报方法进行风暴潮预报。我国目前以经验统计预报方法为主，数值预报方法为辅。2004年8月，中国气象局正式公布了《突发气象灾害预警信号发布试行办法》，其中规定了不同地区可以根据实际情况制定出适合本地区的预警发布标准。

　　经验统计预报方法，主要用回归分析和统计的方式来建立指标站的风和气压与特定港口风暴潮位之间的经验预报方程或相关图表。这种统计方法的优点是简单、便利、易于学习和掌握，且对于某些单站预报有较高精度。但是这个方法必须依赖于某个特定港口充分长时间的验潮资料和有关气象站的风和气压的历史资料，以便用以归纳出一个在统计学意义上的稳定的预报方程。对于那些无法找到足够长时间资料的沿海地域，由于选择的子样较短，因此得出的经验预报方程可能不够稳定。因此，对于那些缺乏历史资料的风暴潮灾的沿岸地区，这种经验统计预报方法根本无法使用。还有一点，巨大的、危险性的风暴潮，相对来说还是稀少的。因而，用历史上风暴潮的资料作子样归纳出的预报方程，预报中型风暴潮精度较高，而用以预报最具有实际意义的、最危险的大型风暴潮，预报的极值通常比实际产生的风暴潮极值偏低。

现在世界各国采用的是对风场预报精度更高的数值预报方法，它在给定的气压场、风场作用下，在合理的边界条件和初始条件下，通过数值求解风暴潮的基本方程组给出整个计算域的风暴潮位时空分布情况。风暴潮位的时空分布分为两种，一种是最具有实际预报意义的岸边风暴潮位分布情况，而另一种则是随时间变化的风暴潮位过程曲线。目前海洋预报部门正在研发的精细化预报、漫滩式预报以及地方防灾部门需求的大面积风暴潮增水预报都需要风暴潮数值预报技术，随着计算机技术的不断进步，这种更为客观、有效的理论预报方法是风暴潮预报的主要方向。

风暴潮数值计算的历史颇为悠久，早在1956年，德国的汉森利用电子计算机对北海的风暴潮进行了计算，获得较为满意的结果。他主要利用的资料来自两个方面：天气数值预报提供的风暴预报资料，再者是海面的风和气压场的预报资料。在一定条件下用数值方法求解控制海水运动的动力学方程组，从而对特定海域内未来的风暴潮进行预报。一些海洋学家也分别通过一些方式对风暴潮作了数值实验，但效果不甚理想，几经发展，在全球范围内，对风暴潮的数值计算已经做得比较成熟，现今美国、英国都有比较成熟的风暴潮预报模式,日本、荷兰、中国在数值计算方面也有很大进展。

20世纪80年代，美国历时十年研制了SLOSH模式。该模式不仅能预报海上、陆上的风暴潮，同时也能够对湖上的台风风暴潮进行预测，在风暴潮防灾减灾中发挥了很好的作用，推动了美国对风暴潮的防范工作。

SLOSH模式是美国的科学家发展起来的。他们进行的风暴潮数值计算，分考虑和不考虑底摩擦两种进行，并在1972年建立了有名的SPLASH模式，这个模式曾在美国的实时风暴潮预报中发挥过重要作用，该模式的诺模图至今仍在东南亚一些国家的风暴潮预报中广泛应用。而发展的SLOSH模式使用了正交曲线坐标系（极坐标/椭圆坐标/双曲线坐标），能够计算二维区域的风暴潮，包括海洋陆架区、海湾和陆地淹没区。这超出了其最初的设计目的。SLOSH模式最初的目的是能够实时预报飓风引起的风暴潮，由于该模式在近岸有很高的分辨率，所以该模式不仅能够计算大陆架上的风暴潮，而且还能够计算陆地淹没区和河道区的风暴潮，并能够处理海水漫过的自然和人工的障碍物，包括海堤、沙丘、废渣堆等。

1993年，美国SLOSH模式的研发者又建立了一个温带风暴潮预报模式，仍采用可变尺度的极坐标网格，美国东海岸计算区域覆盖20个SLOSH计算域，温带风暴潮预报模式所需的气压场、风场靠美国天气局的AVN模式提供，这是具有126个谱分量的谱模式。AVN模式通常一天计算两次，也有6小时一次的预报结果。根据AVN模式6小时一次的预报结果，美国先后建立了四个温带风暴潮计算区域，并发布了以15分钟为间隔计算的各预报站点的增减水值、天文潮预报值、总水位值以及6分钟间隔的实测潮位资料与模式计算结果的比较。

欧洲国家在这方面也毫不示弱。英国、荷兰、德国、比利时等国的科学家联合起来，在各国及欧盟的几个大的科学计划支持下，从20世纪80年代末期开始了风暴潮和海浪耦合数值预报模式的研究，经过十多年的努力，已经取得了实质性的进展。英国的自动化温带风暴潮预报模式"海模式"于1978年用于预报业务。海模式是在Heaps二维线性模型的基础上发展起来的，它采用10层大气模式下提供的气压场和风应力场计算出预报结果，计算域覆盖不列颠诸岛附近的大陆架，计算域外边界水深183米，9月至第二年4月每天运算两次，与逐次递推的36小时气压和风的预报相对应，每12小时可以获得30小时预报时效的风暴潮预报。1982年，与之相连接的大气模式由10层发展到15层，并且潮汐和风暴潮一起计算，考虑了两者间的相互作用，减去单独计算的潮汐获得风暴潮预报值，将预报值加到对应位置的准确潮汐预报上，同时为了考虑形成于陆架区边缘的风暴潮而扩大了模式的计算区域。

20世纪80年代中期，荷兰的DSCM模式建立起来。这个模式的气压场、风场来自于HIRLAM气象模式产生的分辨率为22千米的预报结果。DCSM模式计算域的覆盖从西欧大陆架到200米深的区域，采用球坐标风格的分辨率大约为8千米×8千米。根据2003年的标准，DCSM模式是一个可以在个人电脑上用一分钟预报未来两天水位情况的小模式。这个模式在荷兰皇家气象局运行，为方便发布警报，荷兰沿海被分成几个部分，每一部分都有其自己的警戒潮位值。将荷兰沿海警戒潮位值划分的原因是荷兰沿海潮汐振幅和最高潮位时间变化很大。

除了风暴潮灾害频发的美国、英国和荷兰，孟加拉湾、日本和中国，也进行了风暴潮数据实验的探索。

在20世纪70年代到80年代前期的十几年中，孟加拉湾地区的风暴潮模式研究工作很活跃，发展迅速。Das建立了一个孟加拉湾北部的数值模式，此后他又进行了潮汐和风暴潮相互作用的研究。孟加拉国的Ali和英国的Johns共同发展了非线性模式，他们把汇入孟加拉湾的三条河流和整个孟加拉湾在一个简单的计算技术结构范围内考虑。印度戈什应用SPLASH模式进行了孟加拉湾风暴潮的数值实验，建立了诺模图，为了解决在风暴潮预报中如何考虑潮汐和风暴潮相互作用问题，还建立了另一张可供计算的诺模图，戈什还计算了印度和孟加拉湾沿岸"可能的最大风暴潮"。

日本采用把实际台风预报与许多种模式计算结果相对照的方法来进行风暴潮预报。20世纪80年代，日本风暴潮研究曾进入相对冷落期。进入90年代，由于有多次强台风登陆日本，并伴随发生了严重的风暴潮灾害，日本风暴潮预报模式的研究重新活跃起来，并达到了实用的目的。

中国的风暴潮数值计算经历了一段比较长的时期。它始于20世纪50年代，20世纪60年代是发展时期。从20世纪60年代起，中国的海洋工作者就致力于风暴潮理论及其预报方法的研究，建立并完善了超浅海风暴潮理论，探索了从海洋和大气相互作用观点出发来研究和计算风暴潮的可能途径，成功地对中国各个海区的风暴潮进行了数值模拟，研究了海面风场的数值计算和预报，对风暴潮的预防起到了一定的作用。风暴潮的监测和通信系统已在全国范围内建立，形成了一个预测网。

20世纪70年代是数值计算的昌盛时期，到20世纪80年代，中国风暴潮的数值模式研究得到了相当迅速的发展。目前，中国对渤海、黄海、东海和南海陆架区的风暴潮已经进行了相当数量的数值模拟实验，模拟实验获得了许多有意义的结果，并以此来研究各动力因子的效应。渤海还采用了超浅海风暴潮三维模式进行数值实验。实验结果能较好地阐明半封闭海、开阔海和曲折海岸的风暴潮发生机制，并为风暴潮经验预报方法因子的选取提供了可靠的依据。同时有些数值计算结果已经制成诺模图，可供预报中查算。有的模式已经在实时预报中使用，成为预报的重要手段。

近年来，中国在风暴潮漫滩数值模式研究和风暴潮—近岸浪耦合数值模式研究方面进展迅猛。海洋环境预报中心已经建立了高分辨率的覆盖中国沿海的业务化风暴潮—天文潮耦合数值预报模式，新一代的覆盖中国海洋的、高分辨率台风风暴潮数值预报模型也已投入运行，它们构成了目前中国台风风暴潮预报的基础模式。

另外，中国沿海的主要港口和河段的内港均有验潮站，到新中国成立前夕全国只有近20个验潮站，且仅有几个站有完整的潮位观测资料，大部分验潮站只能进行高低潮的观测。经过近几十年的努力，中国国防、航运、水产、海洋开发与海洋工程等事业蓬勃发展，沿海地区相继建立了验潮站。验潮站的建立大大提升了预测风暴潮的准确度，目前，中国沿海已建立了由300多个海洋站、验潮站组成的监测网络，形成了统一的预测网络系统。这些监测网络在风暴潮影响期间发挥着十分重要的作用。它能够日夜记录潮位变化与波动，根据预报部门的预约要求，将潮位值和高低潮潮高和潮时按时发布，发布的信息比较精准，因此方便预报部门了解这些验潮站风暴潮位的变化。

风
暴
潮
的
防
御

▲汕头南澳

　　为了加强对风暴潮的防御，减少风暴潮带来的损失，世界一些主要的海洋国家，早在20世纪二三十年代，就已经在天气预报和潮汐预报的基础上，开始了风暴潮的防御工作。

　　强风暴潮袭击近岸浅海地区，引起极其严重的大范围洪水，而被洪水淹没的地区往往位于海平面以下或者在警戒水位以下。例如风暴潮多发地孟加拉湾沿岸、墨西哥湾以及中国珠江口、黄河口和汕头地区，都属于这种情况。这些地区一旦遭到强台风风暴的袭击，则无力阻挡大范围的海浪冲击。因此，除了有效地进行风暴潮预报，还必须加强风暴潮多发地区海岸防护设施建设。

以英国和美国的防潮堤建设为例，英国沿岸的潮汐涨落对海岸的平原地形有很大的影响，几千年来，英格兰南部，由于海平面稳步上升，使沿岸低洼地区常常受淹，引起泥沙淤积，使得陆地表面在海平面上升的同时也跟着上升，人们在这些地区开发农业，后来进一步将这片区域开发为工业区，他们用堤塘建筑物围涂造地，有效地截断了高潮位附近泥沙的供应和洪水的泛滥。

1968年，美国在《国家淹损保险条约》中就提出了美国政府和私人企业协同制定和建造沿海经济开发区的防潮堤的计划，以抵御风暴潮洪水泛滥。该计划由联邦保险局执行，其他联邦机构协助进行技术研究。1973年，美国对《国家淹损保险计划》提出了修正案，将《水灾条例》交由住宅和城市发展部执行，目的是通过联邦政府、私人企业和地方政府的共同努力，使淹投保险适用于全国的业主。其中，美国政府投资75%，其余由地方和企业投资，该条例的技术研究委托美国国家海洋和大气局，由他们负责提供受飓风侵袭的海岸环境各水文参数。这种合资修建的防潮堤及其相关计划，在防御风暴潮和保障居民灾后生活上发挥了重要作用。

我国海岸线绵长、人口众多，对风暴潮灾的防范工作，也日益得到重视。我国沿海省市有关部门和大中型企业也积极加强防范并制定了一些有效的对策，一些低洼港口和城市根据当地社会经济发展状况结合历年来风暴潮侵袭情况，重新确定了警戒水位。

和英、美等国一样，我国也在可能遭受风暴潮灾的沿海地区修筑了防潮工程，包括沿江堤坝、挡潮闸等。比如，福建省为了防御风暴潮，先后建成了可以保护千亩以上的江海堤坝383处，堤坝总长1875千米，这一防御措施起到了很好的保护作用。又如，上海市以加高黄浦江岸防洪墙的方式来保护当地居民的人身财产安全，使上海免遭潮灾。

除了建设堤坝，我国在建立风暴潮监测预报系统，负责风暴潮的监测和预报发布的同时，还成立了防潮指挥部门。指挥部门会依据预报实施恰当的防潮指挥，必要时按照疏散计划确定的路线将人员和贵重的物资转移到预先确定的"避难所"，这些非工程措施在减灾中也发挥了很好的作用。

风暴潮应急响应标准

▲海上风暴来临之前

　　风暴潮来了，看到红色、橙色、蓝色的预警信号，我们如何知道这一信号到底意味着风暴潮的什么级别呢？由于风暴潮与台风有着密不可分的关系，下面我们先来了解台风预警信号的具体含义和防御办法。

　　了解台风的预警信号对我们更好地认识和防范台风有着至关重要的作用。其中蓝色预警信号的含义是，在24小时内可能受热带低压的影响，这次台风平均风力可达到6级以上，或阵风7级以上；而另一层次的含义是已经受到了热带低压的影响，平均风力多为6~7级，或阵风7~8级并可能持续或者走高。遇到蓝色预警信号，我们千万不要慌张，只要做好防风准备，并且随时关注有关媒体报道的热带低压的最新消息和有关防风通知就好；加固门窗、围板、棚架、临时搭建物等易被风吹动的物体，妥善安置易受大风影响的室外物品。

了解了台风蓝色预警，那么紧接着我们要了解的就是台风黄色预警信号。其含义是24小时内可能受热带风暴影响的程度，黄色预警往往预示着此次台风的平均风力可达8级以上，或阵风9级以上；如果已经受热带风暴影响，平均风力一般为8~9级，或阵风9~10级并可能持续。遇到黄色预警信号，防风就势在必行，我们需进入防风状态，幼儿园、托儿所停课；处于危险地带和危房中的居民应尽快疏散；船舶应停泊到避风场所避风，严禁出海作业；高空、水上等户外作业人员停止作业，危险地带工作人员撤离；切断危险的室外电源；停止户外集体活动，并疏散人员；其他与台风蓝色预警信号相同。

台风橙色预警信号所代表的风力更高，其含义是12小时内可能受强热带风暴影响，平均风力可达10级以上，或阵风11级以上；或者已经受强热带风暴影响，平均风力为10~11级，或阵风11~12级并可能持续。遇到橙色预警信号，我们需进入紧急防风状态，当地中小学应该马上停课；居民切勿随意外出，确保老人小孩留在家中最安全的地方；相关应急处置部门和抢险单位需加强值班，密切监视灾情；停止室内大型集会，立即疏散人员；加固港口设施，防止船只走锚、搁浅和碰撞；其他与台风黄色预警信号相同。

台风红色预警信号在时间上发生了一定的变化，其含义为6小时内可能或者已经受台风影响，而平均风力最高可达12级以上，或者已经达到12级以上并可能持续。遇到红色预警信号的提醒，我们需进入特别紧急防风状态，这个时候日常生活完全会受到影响，政府部门往往会建议学校停课、工厂停业（特殊行业除外）；这个时候保证人员的安全是第一位的任务，人员应尽可能待在防风、安全的地方。相关应急处置部门和抢险单位随时准备启动抢险应急方案；当台风中心经过时风力会减小或静止一段时间，这个时候千万不要放松警惕，要知道这个时候强风很可能突然吹袭，应继续留守避风，千万不可外出。

和台风一样，风暴潮灾害也用不同颜色作为级别区分的标志，某次风暴潮灾害等级的大小是由本次风暴潮过程中影响海域内各验潮站出现的潮位值超过当地"警戒潮位"的高度而确定的。警戒潮位是指沿海发生风暴潮时，受影响沿岸潮位达到某一高度值，人们须警戒并防备潮灾发生的指标性潮位值，它的高低与当地防潮工程紧密相关。警戒潮位的设定是做好风暴潮灾害监测、预报、警报的基础工作，也是各级政府科学、正确、高效地组织和指挥防潮减灾的重要依据。

风暴潮灾害应急响应分为Ⅰ、Ⅱ、Ⅲ、Ⅳ四级，颜色依次为红色、橙色、黄色和蓝色，分别对应特别重大海洋灾害、重大海洋灾害、较大海洋灾害、一般海洋灾害。

风暴潮灾害Ⅰ级是指受热带气旋或温带天气系统影响，预计未来沿岸受影响区域内有一个或一个以上有代表性的验潮站将出现超过当地警戒潮位80厘米以上的高潮位，这时应发布风暴潮灾害Ⅰ级警报（红色），并启动风暴潮灾害Ⅰ级应急响应。

风暴潮灾害Ⅱ级是指受热带气旋或温带天气系统影响，预计未来沿岸受影响区域内有一个或一个以上有代表性的验潮站将出现超过当地警戒潮位30厘米（不含）～80厘米的高潮位，这时应发布风暴潮灾害Ⅱ级警报，并启动风暴潮灾害Ⅱ级应急响应。

风暴潮灾害Ⅲ级指的是受热带气旋或温带天气系统的影响，预计在未来海域沿岸受影响区域内有一个或一个以上有代表性的验潮站将出现超过当地警戒潮位0～30厘米的高潮位；或受热带气旋、温带天气系统影响，预计未来沿岸将出现低于当地警戒潮位0～30厘米的高潮位，同时风暴增水达到120厘米以上时，应发布风暴潮灾害Ⅲ级警报，并启动风暴潮灾害Ⅲ级应急响应。

风暴潮灾害Ⅳ级指的是受热带气旋或温带天气系统的影响，预计在未来海域沿岸受影响的区域内有一个或一个以上有代表性的验潮站将出现低于当地警戒潮位0～30厘米的高潮位，同时风暴增水达到70厘米以上时，应发布风暴潮灾害Ⅳ级警报，并启动风暴潮灾害Ⅳ级应急响应。

一旦灾害发生，具体应采取哪些行动呢？负责风暴潮灾害应急响应工作任务的部门和单位收到灾害警报

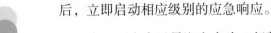
后，立即启动相应级别的应急响应。

当预测未来风暴潮灾害为 I 级警报时，由国家海洋局领导组织召开行政视频会进行商讨，并提前制定风暴潮灾害应急观测预警的部署工作，相关海区分局和省市海洋部门领导应参加会议并汇报各单位工作准备情况。

当预测未来风暴潮灾害最高可能发布 II 级警报时，将会由国家海洋局预报减灾司组织召开行政视频会议进行商讨，提前部署风暴潮灾害应急观测预警工作，相关海区分局和省市海洋部门领导应参加会议并汇报各单位工作准备情况。

风暴潮灾害 III 级应急响应启动后，国家、海区和省市的海洋部门人员应安排值班，每日至少参加1次灾害预警应急会商，协调风暴潮灾害应急响应和处置工作。

当风暴潮灾害 IV 级应急响应启动之后，国家、海区和省市海洋部门领导和工作人员就要保持24小时通讯畅通，密切关注风暴潮灾害的动态，协调风暴潮灾害应急响应和处置工作。

当预计海区将发生达到 III 级或 IV 级应急响应启动标准的风暴潮灾害时，国家、海区和省（自治区、直辖市）海洋预报机构就应该提前发布风暴潮灾害 III 级警报或 IV 级警报，而且台风风暴潮警报至少提前24小时发布，温带风暴潮警报至少提前12小时发布。

风
暴
潮
的
观
测
和
调
查

▲ 测距仪

　　风暴潮的观测地点比较固定，通常是在沿岸、海湾以及感潮河段等地方的固定验潮仪上进行。风暴潮监测站点往往建在比较坚固的海底，不允许泥沙淤积，不受风暴潮影响，与外海通畅，没有因河水流动和地形影响造成潮汐性质变形，验潮站的水深应大于最低潮位时的水深。

　　在风暴潮发生期间，实测潮位减去对应的天文潮预报潮位，便获得风暴潮位。我国各预报部门的天文潮预报均由国家海洋环境预报中心提供，正常天气状况下绝大多数验潮站的天文潮预报误差小于30厘米，潮时预报小于30分钟。应注意的是，某些位于河口的验潮站由于受径流的影响，天文潮预报误差较大。风暴潮使用的天文潮预报起算面均为各站水尺零点，便于计算风暴潮。

一次强风暴潮过后，应及时对沿海发生灾害的地区进行现场调查，了解风暴潮在沿海和内陆空间上的形态。这些现场调查在预报技术研究、沿海核电站工程和近海石油开发工程设计中均发挥了很好的作用。

风暴潮现场调查的内容主要有：台风概况，即路径、强度和范围；沿海的风力分布；台风引发的各站风暴潮高度；伴随而来的台风浪概况；潮灾的特点和经济损失以及相关建议。调查分析离不开相关的工具，要完成上面的调查内容现场调查人员需携带相关的工具，具体包括受灾地区当地的地图、GPS导航设备、卷尺、摄像机，还需要到沿海受灾严重地区的政府防汛部门、海洋行政主管部门及当地受灾人民中走访、了解情况，把灾害发生过程的空间范围、时间范围调查清楚。调查结束后要作出相关的调查报告，报告通常包括验潮仪记录和现场调查结果两部分。验潮仪记录的具体内容包括监测站的站名、经纬度、所属部门，最高潮位值和出现时间、最大风暴潮值及出现时间、最靠近台风中心气象站所观测到的最低海平面气压及时间，发生台风时的最大风速、风向及时间，台风影响期间的逐时潮位值和风暴潮值等。现场调查的记录包括调查的区域、时间、人员及单位，引发潮灾原因的简要说明，利用手持GPS定位仪、测距仪和卷尺测量的建筑物内壁的水痕高度，重要建筑物的淹水痕迹、淹没的范围，潮水退去后的垃圾线、遗留漂浮物的经纬度，以本次风暴潮灾害过程的漫滩范围，最大淹水的发生期间及高度。

如何应对风暴潮

▲海上乌云

当风暴潮到达海岸时，狂风卷起巨浪猛扑海岸，隆隆的雷声追赶而至，船只、树木、房屋都无一幸免地被冲击席卷，看上去我们只能仓皇而逃，风暴潮的预报和防范似乎都只与专业人士和相关部门有关，事实上，我们每个人都应了解有关风暴潮的防范措施，以便更好地保护自己和家人的安全。

当热带风暴来临的时候，不仅海水高度会发生变化，天空也会相应地发生异常。一般来说，天空中会出现白色薄雾，然后越来越浓变成浅黄色，在日落时又呈现出橙色和红色，天空这时会显得格外明亮。孟加拉特

123

大风暴潮灾时，在这个地区的南部，潮灾发生当天日出与日落时都呈现出了异常的景色，海上空气发生振荡，大块乌云铺天盖地而来，狂风呼啸，大雨倾盆而下，黑沉沉的乌云笼罩着海洋与大地，这正是热带风暴在形成过程中的天象变化。因此，热带风暴来临时天空的明显异常也可以作为一种警示，当人们一旦发现天空出现类似的现象时，应警惕很有可能是风暴潮灾害即将来临。

当风暴潮将要来临时，我们不能坐以待毙，当得知所居住的地区将受到台风或强温带天气等灾害性天气系统影响时，要注意收看电视、收听广播和上网查询，及时了解各级预报部门发布的风暴潮预报。

如果一个地区已经进行了风暴潮灾害风险评估，则可以向所在的村、乡镇等应急部门了解所处地区风暴潮的危害程度，以便确立正确的疏散路线，从而方便做好防御措施。如果条件允许，应预先熟悉路线，为撤离做准备，也可以事先联系好居住地安全的亲戚和朋友，或选择最近的地势较高的公共场所。如果是自己制定的疏散路线，则要事先和当地应急部门沟通，商讨路线是否适合，当需要转移时，应保持冷静，尽快转移，携带必要药品及少量极其重要的物品，不要携带过多不必要的物品，以免造成负担。

应急撤离中要听从各级政府应急部门的安排，如果家中有行动缓慢的老人和小孩或撤离时需要携带的东西较多，则要尽早撤离。离开家之前，要关闭所有设施的开关，如果时间允许，可以将家用电器放置在较高的位置上。行动中仍要密切关注电台、广播的节目，积极注意和配合有关部门给出的意见和特殊指导。

抵御风暴潮的杰作

  风暴潮灾害是发生在沿海地区的一种来势迅猛、破坏力极强的严重海洋灾害，从它的概念中我们不难看出，破坏性与猛烈性往往是它最突出的特点。它可以在很短的时间内像猛兽一样令海堤溃决，海水汹涌侵入城镇乡村，造成房屋倒塌，农田淹没，良田在瞬间变成沼泽，农作物失收，耕地退化，淡水资源污染等，不仅影响人畜饮用水，还给居民的生命财产和工农业生产造成巨大损失。某些海岸因风暴潮的多年冲刷而遭到侵蚀，有时风暴潮灾害的影响几年内也难消除。它有如此大的威慑力，人们将如何抵御？

千里防潮长城——范公堤

▲大海

　　我国海域辽阔，海边的地形异常复杂，既有怪石嶙峋的岩石海岸，也有沙土沉积的平原海岸，千百年来沿海风暴潮肆虐最多的地方往往就是平原海岸地带。因此，筑堤防潮是沿海群众防御潮灾最有效的方法之一。在过去已建成的防潮堤坝中最负盛名的莫过于范公堤。

　　范公堤位于江苏省盐城市，是盐城历史上最大的水利工程，也是江苏著名的文化古迹。在唐代，沿海地区屡遭大海肆虐，汹涌澎湃的海潮冲没田地和房屋，毁坏亭灶，淹没人畜，给沿海居民带来了深重的灾难。

　　唐大历年间，李承率领众人修筑捍海堰。捍海堰北自楚州盐城，南至海陵泰州，全长250千米。从此，沿海地区庄稼收成呈现10倍增长的态势，居民丰衣足食，安居乐业。可是年深日久，捍海堰逐渐残破。到了宋代，残破的捍海堰已经失去了捍海的功能，沿海居民再次陷入灾难之中。

范仲淹监西溪盐仓时，亲眼目睹沿海居民的惨状，主动向他的上司江淮制置发运副使张纶建议修复这道毁坏了的捍海堰，救助深陷风暴潮灾难的百姓。1024年，范仲淹征调士兵4万多人，开始动工修筑。两年后，范仲淹因母亲去世辞职，张纶亲自指挥修复捍海堰。1028年春天，工程全部完工，自此，雄伟壮观的范公堤像一条巨龙横卧在大海之上。全堤大致从盐城至东台一线有百余千米，海堤堤高约5米，堤底宽10米，堤面宽约3米，在河流穿堤入海处用砖石加以围衬，并在堤坝内插柳植草，加固堤防。于是，万顷波涛被挡于大堤之外，千顷良田得到护卫，黄海之滨的百姓也开始过上了安居乐业的生活。后人因感激范仲淹，称其为"范公堤"。

此后，范公堤经元明时期多次维修，都未超过原先的规模。到了明朝正德年间，黄河又决口夺淮河水道。淮河因此河沙淤积，海岸线不断东移。到了清代，海岸线已东去60千米，范公堤便失去了它的功能。但是，无论沧海桑田，范仲淹修复捍海堰的功德都将永载史册，受人们敬仰。

新中国成立后，沿岸人民为了抵御风暴潮的袭击，进行了各种防范工作。特别是启东县在老石堤挡浪墙的基础上，不断加固、扩建范公堤，先后投资近2亿元，动用近300万吨石料和土方，筑成了30多千米长的混凝土灌砌抛石标准堤，这些措施无疑是很好的防范"绝招"。近年来，随着改革开放后经济发展的需要，一座现代化的高大的防潮海堤出现在与范公堤相平行的内侧，正在发挥着巨大的防潮作用。

每逢春天，万株新柳与潾潾清波交相辉映，成为盐城一道美丽的风景线。当初范公堤建设时的一些措施至今仍在沿用，如插柳植草措施，既能保护堤防，又可美化荒凉滩涂，其美景得到历代文人的颂扬，遗址处现存有纪念范仲淹的寺庙和石像等。

荷兰了不起的防洪闸

▲荷兰风暴潮屏蔽

通过对荷兰的了解可以得知，荷兰是世界上对环境恶化采取积极治理措施的国家之一，远在13世纪就开始用围海造田的办法来扩充土地，抵挡海水对土地的侵吞。在围海造田过程中，为了抽干农田中的水，荷兰人开始利用风能，建起众多的风车，因而全国到处都有各式各样类型的风车，荷兰因此有了"风车王国"的雅称，风车也成了荷兰的一个鲜明特色。

但风暴潮仍然不肯放过这个美丽的国家，1953年2月1日，荷兰差点遭受灭顶之灾。飓风导致莱茵河、马斯河、斯凯尔特河三角洲海潮倒灌，淹没了荷兰5.7%的国土，造成1835人死亡，4.7万幢房屋被摧毁。因洪水失去土地和亲人的惨痛经历，让荷兰人更加重视对风暴潮的防范工作，促使荷兰人成功打造了全球最大的海洋防卫系统。

同时荷兰科学家们发现，荷兰土地沉降的速度比预期的要快，土地下降意味着海平面正在不断升高。为了更好地制定防范措施，荷兰成立了专门防洪的水务委员会，开始研究长期的防控方案，以确保低于海平面的地区不会遭受洪水倒灌的危害，近年还提出了与中国古代大禹治水相似的疏堵结合的理念。

他们以鹿特丹为例，结合当地的地势，发现鹿特丹是一个最低点，它比海平面低7米，设计师们因地制宜设计了一套很特别的防水方案，即将城市的雨水收集到城市中一个可供人们聚会、玩耍、运动的水广场之中，避免降水流入河流或者大海，把暴雨雨水转换成城中景观。随后几年，在鹿特丹建造了多个类似的水广场。

除此之外，荷兰还大兴水利，水利工程的建设会减轻荷兰遭受风暴潮的威胁。其中最突出的兴海工程有两项：一项是艾瑟尔湖工程，此项工程历时62年，建成了一条长32千米的海上长堤，长堤犹如一条巨龙，起到了很好的防范作用，在海里围出了一个近万平方千米的艾瑟尔湖。

另一项就是灾后第二年（1954年）开始设计的三角

洲工程。这项工程是迄今为止世界上最大的防潮工程。工程建设地点是荷兰西南部的韦斯特思尔德的新水道口上，这里地势低洼，河道纵横，上游水量充沛，在汛期受风暴潮灾害严重。但是，浩大的工程开工14年后，一个致命的问题摆在了设计者们的面前，在新的堤坝后面，各种生物相继灭绝。由于海洋被隔绝在外，海洋生物全数死亡。利润丰厚的捕鱼业和海产业也陷入了危机。

面对这种情况，当局只好放弃了现行的方案，同时给设计者出了一个新的难题——放弃固定不动的传统堤坝，采用一个独创的新方案，建造一种活动的屏障，可升降的风暴潮防护闸。它既能随时关闭、阻挡风暴潮，又能在每次涨潮落潮时，让11亿立方米的水通过河口。一般情况下，闸门是打开的，海水可以自由进出。一旦风暴潮来袭，只需按下控制闸门的按钮，就可以将闸门放下挡住洪水，保证后方的陆地和居民的财产和生命安全。

20世纪80年代初期，专家们经过反复论证，认为建立一个移动性的风暴潮防护闸门是可行的，这个工程主要包括两扇巨大的防潮闸大门、平时存放防潮闸大门用的船坞、平整的水道河床、移动防潮闸大门及其供水排水的电力设施以及计算机信息管理系统等几个部分，工程总投资约9亿美元，由政府统一招标，从几种方案中选出了代号为BMK的方案来实施。

这项工程的关键部位是防潮闸大门。大门整体采用可升降的船体式空腔闸门，大门由两扇闸门组成，每扇闸门宽约300米，重约36 000吨。闸门上的船体高22米、长210米，分成多个腔室，像一个巨大的集装箱，其中一个是安装电力和水力装置的电机房，其他腔室则通过进出水来控制船体的浮沉。计算机信息管理系统用以启动和关闭闸门，并及时提供闸门腔室和船坞上下水的操纵信息。一般是当风暴潮即将来临时，对水位的变化作出分析，如水位超过阿姆斯特丹常年平均海平面的3.2米时，防潮闸门就会自动关闭。其过程是在关闭防潮闸门前，先将水道的水放进船坞，把存放在船坞里的防潮闸门浮起，然后打开船坞闸门，用机车把防潮闸门移动至水道中央。与此同时，打开防潮闸门里的腔室，让水进入，使防潮闸门下沉至离河底1米的地方，利用急流冲刷水泥板河床上的泥沙。等到河床清净后，防潮闸门平稳落在河床上，两扇闸门正好把宽360米的河道关闭，这就完成了关闭防潮闸门的程序。等到风暴潮过后，防潮闸门重新打开时，先将防潮闸门各腔室内的水排出，让防潮闸门浮起，再用机车把防潮闸门拖回船坞，然后关闭船坞闸门，把船坞积水排空，启动至此结束，一切恢复风暴潮来临前的原样。

荷兰一共修建了65个高度为30～40米、重18 000吨的坝墩，安装了62个巨型活动钢板闸门。通过预测，防潮闸门关闭时间一般不会超过30小时，在这段时间里一般是不会引起河水上涨酿成洪水大肆泛滥的。如果防潮闸门内侧河水上升有可能超过防潮闸门外的海面水位时，那就要巧妙地采用上浮防潮闸门的办法，让河水从下面排放入海，以此来缓解水位上涨的情况。因为这项防潮工程设计主要是针对千年一遇的风暴潮，由此为了保证防潮闸门的正常运行，每年都需要在水道相对空闲时演习一次，以确保防潮闸门无异样。虽然演习一次往往会耗费巨资，但它的建立与实验都是为了鹿特丹地区100多万居民免受风暴潮灾害之苦，与这100多万人的生命安全相比，所消耗的资金又算得了什么呢？

除了这些传统的防御措施，科学家们展望未来，正在开发和研制新的浮动世界。其中值得人们关注的是一种水上住家，或者叫"船屋"，这个概念对于很多人来讲已经并不新鲜。但是荷兰人照例要尝试突破极限。房子所建之地十分特别，房子会随着水位的变化上升或下降，这样就巧妙地避免了房屋被冲塌。现在，抗灾理念在荷兰已经深入人心，人们对风暴潮的认识也比较透彻，狂暴的北海已经屈服于荷兰人的手下。

为了让孩子们更加直白地认识大自然的本来面目，每年，荷兰的学校都要组织新入学的小学生来到世界上最优良的防洪系统——北海大坝前，听老师讲述1953年的那场惨剧，让小学生从小就认识到灾害无情，树立起防灾意识，并切身体会到在与自然灾害不断斗争的历程中，荷兰人民如何充分展现他们的勇气和创意，以此鼓励一代又一代的荷兰人。

意大利的『摩西计划』

▲威尼斯风光

　　意大利的威尼斯是世界著名的文化艺术名城，也是世界著名的水城。每一个到意大利的人都要去威尼斯走走看看。可是这样的水城也曾遭遇过风暴潮的袭击，就在2008年12月1日，意大利著名水城威尼斯遭遇20余年来未见的洪水侵袭，就在城市的中心地区，有95%的陆地变为泽国。这是水城22年来遇到的最为猛烈的一次洪水，其水位比往年上升超过1.5米，从而迫使威尼斯的旅游者们只得逗留在旅馆内，而店主们也不得不在门外设置沙袋，阻挡洪水的袭击。当时的水城可谓名副其实，在洪水中喝酒、吃饭的游客还怡然享受这种景况。

其实，和游客们的心情完全相异的是意大利政府，多年来他们一直在寻求好方法来保护威尼斯，以免这座城市众多文物和建筑瑰宝遭到海潮破坏。

数十年来，由于海平面上升和地面沉降，水患不断冲蚀威尼斯的地基，已造成威尼斯下沉23厘米。无论文艺复兴风格的宫廷，闻名遐迩的大教堂，还是著名的石桥，现在都面临50年一遇的洪水威胁。

威尼斯被公认为未来50年即将消失的风景，目前威尼斯的常住人口已经从20世纪50年代的15万人减少到现在的5.8万人。曾经是威尼斯守护者的海水变成了他们的涅米西斯（复仇女神）。

意大利气象学家也早就发出警告和预测，由于全球气候不断变暖，威尼斯水灾将愈加频繁和严重，水位也在不断地升高，这对威尼斯这座水城来讲是很大的威胁。如果意大利政府再不及时采取措施的话，有关威尼斯会被海水淹没的说法将变成现实。这又重新引起了人们对一项价值数百万美元，旨在拯救威尼斯艺术和建筑计划的争论，这个项目被称作"摩西计划"。

在1966年洪水之后，2003年意大利总理西尔维奥·贝卢斯科尼启动了名为"摩西"的计划，"摩西"既是"计划"的意大利语缩写，也代表圣经故事《出埃及记》的主人公"摩西"，借用"摩西"分开海水，保护人民的含义。

摩西计划就是依托亚德里亚海海底，建成宽约28米，高约20米槽床，深深埋入海底之下，并以混凝土加以固定，形成水泥基座。然后设计建立78座活动水闸，而每个水闸的活动板重达300吨，约28米宽、20米高。每个水闸都会安装在埋入海底的水泥基座上，这样就显得比较牢固，即便遇到风暴潮，也不会对其产生影响。当预报有大海潮来袭时，压缩空气将灌入槽床的空洞，并把上面的活页推起，形成阻挡波涛的巨大屏障，这种屏障具有安全性，会将巨浪挡在城市之外。这个项目总耗资45亿美元，原本定于2012年完工，但现在已经推迟至2014年才能投入使用。

另外，威尼斯面对的问题不仅仅是海平面上升这样简单。由于多年来威尼斯过度取用地下水和开采海上气田，这座城市一直在下沉，过去的一个世纪，威尼斯就下沉了近23厘米。因此，即使兴建了水闸，也并不能彻底解决海潮侵袭的问题。另外，这项计划争议最大的地方就是造价太高。除了需要投入约45亿美元完成工程建设外，每年还要花费1176万美元用于维护。因此当地的环保人士、议员，甚至包括威尼斯市长都对"摩西计划"持怀疑及反对态度，质疑声不断。环保主义者们担心，作为欧洲最重要的湿地地区之一，此举将把礁湖变为一个巨大的死水塘，并给此地的鸟类栖息造成毁灭性打击。但远在俄国、荷兰和英国的海岸保护专家们却表示，摩西计划一旦成功实施也会跟进。

不管怎么样，希望"摩西计划"能为威尼斯带来好运，使威尼斯这一世界闻名的水城不要成为一座水灾之城，这也是全世界人民的心愿。

英国的泰晤士河防洪闸

▲泰晤士河的防洪闸

　　英国位于英格兰东南部，横跨泰晤士河，距北海河口湾80千米。为防止来自北海的暴风海浪造成洪水危害，伦敦市在泰晤士河口修建了防洪闸，在今天这一防护措施依然矗立在泰晤士河口。

　　泰晤士河也算是一条古老的河流，这条河流哺育了它周围的大地，在其蜿蜒入海的行程中也不忘记迅速穿越被限制在南北高地间的台地地带，而河流的切割，让古罗马人在最北面河道切割较高的石砾台地处最早建立起了享誉今天的伦敦城。伦敦城、伦敦东区和西区，以及南边较高的几个区都坐落在泰晤士河谷。地势最低

137

的是河谷底的大片平原，仅仅比涨潮水位高出几十厘米，一旦洪水汹涌而来，那么必然会对平原上的居民构成一定的威胁。但是，正因水位偏高，也就给经商带来了方便，同时也是防卫涨潮的理想场所。伦敦以后的发展主要是以此为中心出发，沿着北岸排水较好的台地扩展开来。在19世纪建成泰晤士河河堤以前，人们想要在南岸的冲积地面上建造房舍，但是这只能是一种设想，在当时存在着较多的困难。

英国面临的潮水危险是由一系列因素造成的。厚而起伏不平的白垩层造就了英格兰东南部的地形，因为采用现代技术从白垩蓄水层中抽水而导致土层失水，使伦敦当地比其他地方下沉得更快，整个英国东南部都向海倾斜。与此同时，全球气候变暖对极地冰盖的影响也成为海平面不断攀升的重要因素之一，有的人形象地将气候变暖称为海平面不断上升的"推动器"。再加上泰晤士河航道的疏浚以及在河口湾筑坝围淤造田，使上溯河道的潮水更加汹涌。

泰晤士河大潮并非经常发生，最近一次发生在泰晤士河的大潮是在1953年。伦敦这座幸运的城市在这次洪灾中得以幸免，但泰晤士河下游就没有那么幸运了，300人在洪灾中不幸遇难。面对极易可能再次发生的潮水灾害，传统的防水办法是修建水墙和堤坝，但英国人们采取了进一步的防洪措施。泰晤士河防洪闸于1974年动工，1984年建成，历时10年之久，耗资5亿英镑。该闸门规模宏大，设计新颖，构思独特，成为20世纪英国最大的一项水利工程，它的建成使伦敦从此摆脱了洪水威胁。由于设计上突破了传统的手法，获得英国皇家土木工程学会的嘉奖。

这个防水屏障位于伦敦市中心以东约10千米，它延伸521米，横穿泰晤士河。其中选用11座外面包钢的大型混凝土防水桥墩，桥墩的坚固性是毋庸置疑的，它把泰晤士河分割成四个61米宽、两个31米宽的可以通船航行的河道，以及四个不能通船的河道。这样做的原理是通过控制一个或多个河道之间的闸门来减少上游的水量，水量的减少可以避免水位的过分抬高。这些可移动闸门的重量是经过细心推算和设计的，并非一样的重量，当闸门提升的时候，可以挡住几百万吨水的重量。而闸门底部往往是圆形的，像四分之一的月球形状。在通常情况下它们会跟随轴轮转动而转动，像鳄鱼一样平躺在河床上，帮助船只从桥墩间通过。在中途如果遇到任何洪水的威胁，18米高的闸门便可以通过提升巨大的摇杆卷轴来阻挡洪水。在泰晤士河防洪坝的下游，为了阻挡因河道关闭而形成的回头浪潮（回头浪潮往往也具有很强的冲击力），又沿着河口湾沼泽建起了一道精巧的水墙，在各支流的河口处都设有断头台式的防洪闸，这种巧妙的设计无疑是一种不错的防洪手段和方法。

这样一来，泰晤士河水坝既能防潮水入侵，又便于航运。沿半径转动的闸门、半圆形门槛及闸门的分格式结构，使闸门开放时平卧在河床上的钢筋混凝土造的门槛里，可通过行船。自1983年大坝建成到1991年，闸门启用了10次，其中1990年就动用了6次。伦敦港迄今依然保持英国最大港口的地位。

同时，河水坝还是伦敦旅游一景。防洪大坝设有

"旅游者中心",多角度、多途径为游客提供了解和观赏治水工程的机会,每年到这里参观的游客络绎不绝。另外,河水坝还能指导人们更科学地治理水患。在大坝中央控制塔内,计算机图像显示着闸门的开关设备、闸门位置的指示灯、东海岸潮汐的水位等,值班人员从计算机上可获取来自全国研究和监测部门提供的最新气象数据。控制塔还对从北苏格兰到荷兰的潮汐进行跟踪监测,为有效防洪提供科学依据。

泰晤士河防洪闸所起的作用可谓是重中之重,它保护着伦敦价值800亿英镑的建筑和基础设施,如果没有它的存在,125万人的生活将会处在威胁中。这个方案是按照每年8毫米的预期海平面上升率来设计的,因此到目前为止仍是符合设计标准的建筑,预计到2030年之前可以防御千年一遇的风暴潮。但由于海平面上升速度超过预期,有些年份伦敦不得不提前关闭防洪闸。科学家们担心,日益加速的海平面上升将明显缩短这一世界上最大防洪闸的预期使用寿命。

目前英国的专家们并没有停滞不前,他们正在着手制订到2100年为止的泰晤士河口防洪计划,虽然这只是一个计划性的方案,但是内容包括了未来近100年里应采取的措施等。专家们认为过去对海平面上升的估计太过乐观,根据估算,海平面会上升2米甚至更多,如果估计不幸成真,伦敦市政府将不得不在泰晤士河口建造一个永久性的更大、更昂贵的防洪设施。

未来防范风暴潮的畅想

▲核导弹模型

　　未来世界是高科技的世界，人们已经从很多科幻作品中见识到了，即便这样，人们仍然无法据此推断未来，谁都不敢做未来的预言家，因为日新月异的科技在不断改写人们的生活习惯、工作方式，包括信念和目标，甚至灾难的防范都蒙上一层神秘色彩。

　　风暴潮令人类惧怕的程度可谓闻者色变，尤其是灾害多发的国家更是做足了防范措施，甚至有些想法趋于梦幻，美国的设计师们就在"卡特里娜飓风"之后，设计出了一个能容纳4万人的漂浮城市，以期待它能抵御风暴潮的威胁。

能容纳4万人的漂浮城市是一座看上去像是太空时代风格的建筑，被人称为"新奥尔良生态建筑城"或是"诺亚"。新奥尔良生态建筑城呈三角形，外观看起来像科幻电影里的未来城市。为了抵御飓风，其表面还安装了面板，而它独特的三角形结构又可让风暴从中间穿过。整座建筑高达365米，总面积约279万平方米，最多能容纳4万居民，里面有能满足一切日常生活的设施，包括学校、商业购物中心、零售店、酒店、娱乐场所、停车场和公共设施。甚至还很人性化地配备了花园、特制的纵向电梯和为行人设计的平面移动电梯。虽然起初是为新奥尔良设计的，但模型出来后，设计团队相信它能在任何国家的沿海城市使用。

这个独特创意出自美国建筑师凯文·朔普费尔之手，他的构想可谓奇妙绝伦，它漂浮在一个充满水的盆地里，它一脚跨密西西比河岸上的现有陆地，一脚向水上迈去。设计者认为这是一个具有巨大潜力的项目，它超越了人们对城市的现有预期，也是一种典型的创造性的设计方案，在城市发展的新时代处于领先地位。设计者这样阐述它的设计思路，我们面临的第一个挑战是现代沿海城市一般都建在与海平面相当高度的陆地上，甚至有些地方低于海平面，一旦发生潮水上涨，高水位将导致这里极易发生洪水和风暴潮等灾害。第二大挑战是城市下方的土壤由数百米软土、盐和黏土组成。在这种土壤条件下很难建设大规模集中式建筑物。我们充分利用这些看似不利的条件，采用漂浮城市概念。第三个挑战是需要克服恶劣天气对我们造成的身心损害，为城市提供一个稳定、安全的环境。

日本也同样设计了抗飓风的漂浮城市。日本科技公司Shimizu构思和设计的迷你漂浮城市，就像一朵巨大的荷花漂浮在太平洋上，未来人类就居住在这朵巨大的荷花内。这座绿色漂浮的城市里包含很多小室，每个小室宽1千米，可容纳1万到5万人。每个小室可以灵活搭配，既可以单独漂浮在赤道附近的太平洋上，又能与其他小室连接，小室边缘还有居民区，整体形成一个更大的城镇或城市，而城镇或者城市将会无限延伸，自然会显得更加宽阔。当然，这个设计可谓美妙绝伦，在中心塔体四周还设计了环绕的草场和森林，以保证居住在这座漂浮城市里面的人们能在食品方面自给自足，同时也起到了美化环境的作用，塔体周围的"平原"能饲养家畜或进行其他农业活动。

要建造这样的漂浮城市，必然要有所支撑，设计师构想将所有这些城市、森林和草场都建筑在7000吨重的蜂房式浮筒上，而这种浮筒正好是最佳的支撑工具。这些塔体将用超轻铝合金和从海水里萃取出来的镁等金属建造。设计公司Shimizu提出这一概念的目的是创建一个碳中和的未来社会，不仅是为了让人类居住，更为了让人类更好地居住，该公司认为以这种方式居住在这些小室里，可降低40%的碳排放。这些小室不会产生任何垃圾，漂浮在海洋里的垃圾岛会利用新型绿色技术再循环利用每样东西，把垃圾变成可循环利用的能源。在这些未来城市周围还会建高30.48米的防波堤。塔体周围和外墙上还会安装避雷针，防止雷击。Shimizu公司打算到2025年开始制造第一批小室。

这些有趣而奇妙的畅想，充分说明了人们正充分利用智慧积极进行灾害的防范。未来人类过上和谐、安全的海上生活并非梦想。虽然美好设想很多，失败的案例也不少，反过来讲，没有失败也不能有今天这么成熟的防御工程。下面我们也了解一下这些不成功的防御方法，从中也不乏得到诸多启示。

早在20世纪60年代初，美国政府就曾资助名为"风暴狂怒工程"的项目，此项目的目的是为了减轻飓风对人类的危害。具体说就是在飓风上空投撒碘化银，当然只有预测到台风的具体位置之后才能够做这种尝试。美国国家海洋与大气管理局及其前身曾利用飞机在飓风内部最高、最冷处投撒碘化银，用碘化银来降低飓风袭击的威力，如果能够顺利地应用或者起到很好的效果，那将会为人类带来新的预防飓风袭击的希望。在工程实施期间，科学家曾先后四次使用播云的方式减少飓风的强度，但最后没有取得成功。

飓风吸取的能量来自温暖的海洋水，因此，有人建议从北极取一些冰山来降低海面的温度，还有人建议把海底的冷水抽到海面上来或者用附近的寒冷淡水降低海洋表面的温度，用这种降温的方式来预防飓风的影响。还有一些科学家也提出这样的设想：他们提出研发一种液体喷洒于海洋表面，防止水分过度蒸发，并且降低海平面的温度。如果该研究能够起到实质性的作用，就能对飓风强度起到一定的限制作用。可是，上哪儿去找这种可以在波涛汹涌的洋面上仍能连在一起的液体呢？这些想法目前都不具有可操作性。

还有人曾经想用核武器来摧毁风暴，科学家经过分析认为这种方法不可取。要知道这并不是一种很好的办法，如果真的用核武器来摧毁风暴的话，释放出的放射性尘降物将会与信风一起迅速移动，影响大陆地区，而且会引发更加严重的、破坏性的环境问题。虽然这些方法因为这样或那样的原因没有成功，但由此看出，各国机构都在积极研究相关的措施减少海洋灾害的发生。